读好书系列

彩色插图版

U0724264

世界珍稀动植物博览

光玉◎主编

吉林出版集团股份有限公司

图书在版编目（CIP）数据

世界珍稀动植物博览／光玉主编.—长春：吉林
出版集团股份有限公司，2011.4
（读好书系列）
ISBN 978-7-5463-4270-2

Ⅰ.①世… Ⅱ.①光… Ⅲ.①珍稀植物—世界—青少
年读物②珍稀动物—世界—青少年读物 Ⅳ.①
Q94-49②Q95-49

中国版本图书馆 CIP 数据核字（2010）第 240978 号

世界珍稀动植物博览
SHIJIE ZHENXI DONGZHIWU BOLAN

主　　编　光　玉
出 版 人　吴　强
责任编辑　尤　蕾
助理编辑　杨　帆
开　　本　710mm×1000mm　1/16
字　　数　120 千字
印　　张　10
版　　次　2011 年 4 月第 1 版
印　　次　2022 年 9 月第 3 次印刷

出　　版　吉林出版集团股份有限公司
发　　行　吉林音像出版社有限责任公司
地　　址　长春市南关区福祉大路5788号
电　　话　0431–81629667
印　　刷　河北炳烁印刷有限公司

ISBN 978-7-5463-4270-2　　定价:34.50 元

前言

美国著名女作家蕾切尔·卡逊的名著《寂静的春天》可谓轰动一时，相信每一个读过此书的人都会感到深深的焦虑。人类的活动已经对地球的环境造成了极大的威胁——越来越多的地方已没有鸟儿飞来报春也少了呢喃的虫鸣，清晨早起，原来随处可以听到的燕语莺啼已经消失……本该喧闹的春天也因为人为的破坏而少了天籁、少了生气。

对于自然界动植物的生长、繁殖，达尔文曾经精辟地将其规律概括为"物竞天择，适者生存"。在人类没有出现或者没有能力过多介入的时候，自然界的动植物也都在不停地湮灭或者生长繁衍，但是自然界的基本平衡没有被打破。人类社会在漫长的历史进程中，取得了突出的进步，从刀耕火种的原始社会到具有现代化工、农业生产的当代社会，人类用自己的智慧与力量，已经使整个地球发生了天翻地覆的变化。一方面，这沧海桑田的变化的确让人类引以为傲；另一方面，这也的确令人伤感，因为太多的动植物已经因人类的活动而处于濒临灭绝的境地。

本书在编辑的过程中，着重选取了一些濒临灭绝的珍稀动植物。从国宝级的大熊猫到被誉为"活化石"的扬子鳄，从憨态可掬的树袋熊到英武的白头海雕，从"吃肉的"猪笼草到"结面包"的猴面包树，从美丽的银杏树到魁梧的红杉……相信通过阅读，大家都会被这些珍稀动植物的独特形态和习性吸引，也会对那些只图一时经济利益而滥杀动物或者滥伐植物的人感到厌恶，更会被那些用自己的生命保护物种的人深深地感动。

本书将知识性和趣味性融为一体，我们除了对每一种珍稀动植物做生动的文字介绍，还配以精美的插图和与文字内容相关的知识链接。相信每一位读过本书的人，都会对神奇的自然界生灵有更加深入的了解。

目 录

第 1 章 动物篇

"活化石"鸭嘴兽	003
憨态可掬的树袋熊	006
海滩上的歌者——新西兰岸鸻	009
光彩夺目的极乐鸟	011
阿拉伯"神兽"——狒狒	014
狐猴科中的体形最大者	
——领狐猴	016
天生的"旅行家"——斑马	018
陆上动物中的"巨人"	
——非洲象	021
爱吃香蕉的蕉鹃	022
动物界的缝纫高手——克拉克织	
布鸟	024
南非国鸟——蓝鹤	026
机敏的吉祥物——水獭	028

鱼类中的"活化石"	
——拉蒂迈鱼	031
温驯美丽的跳羚	033
非洲大陆上的"角斗士"	
——白犀牛	035
为爱燃烧的"粉红一族"	
——火烈鸟	038
叽叽喳喳的北美红眼雀	041
模范夫妻——歌鸲	042
尖牙利嘴的刀嘴凤冠雉	043
敬业的"森林医生"	
——帝啄木鸟	044
善于飞行的古巴钩嘴鸢	045
随季节"换帽子"的遗鸥	046
长相怪异的捕鱼能手——褐鹈鹕	047
害羞的鸟儿——红脸杜鹃	049
被猎人追逐的"歌唱家"	
——花脸齿鹑	050
泥地里的"小坦克"——中美貘	051
王权的象征——金雕	052
自然界里的"清道夫"	
——美国埋葬虫	054
命运多舛的美洲野牛	056
离灭绝危险最近的鸟儿	
——婆欧里鸟	058
脸似绵羊的驼羊	060
害羞的夏威夷水鸡	062
从交响乐中"游"出的鳟鱼	063

"天空的霸主"
　　——阿姆斯特丹信天翁　　065
身穿"礼服"的长尾雉　　067
"绯闻"多多的大鸨　　069
"身揣香包"的大灵猫　　071
又懒又臭的戴胜　　073
最美丽的灵长类动物——金丝猴　　075
乖巧活泼的短尾猫　　078
鹰中之虎——菲律宾鹰　　080
中国国宝大熊猫　　082
憨态可掬的小熊猫　　085
兽中之王——东北虎　　087
"抗寒勇士"——白唇鹿　　090
长鼻子的大力士——亚洲象　　092
鹿中美人——梅花鹿　　095
舞姿翩翩的绿孔雀　　098
美丽的白腹海雕　　100
鸟类"东方宝石"——朱鹮　　102
尖耳朵的猎手——猞猁　　104
蛇中巨人——蟒蛇　　106
身披铠甲的"土行孙"
　　——穿山甲　　108
悬崖绝壁上的"行者"——塔尔羊　　110
失踪多年的华南虎　　112
忠于爱情的梦幻仙子——丹顶鹤　　114

第 2 章 植物篇

羊角形的果子——羊角槭　　119
庭院中的"鹿角"——鹿角蕨　　120
树中寿星——红杉　　122
食肉植物——猪笼草　　125
黄山来的"姑娘"——黄山梅　　127
果有长翅的蝴蝶树　　128
花中"活化石"——木兰　　129
濒临灭绝的秃杉　　130
"茶中皇后"——金花茶　　132
百年不凋的百岁兰　　134
不含叶绿素的植物——天麻　　136
城市绿化名贵树种——峨眉含笑　　138
"罗汉"也渐危——海南罗汉松　　140
最古老的蕨类植物——刺桫椤　　142
世界上最毒的树——箭毒树　　144
果实奇特的金钱槭　　146
百草之王——人参　　148
百年成材的珍贵树种——楠木　　150
热带雨林区域分布的指示器
　　——坡垒　　153

动物篇

PART1

　　动物是人类最亲近、不可缺少的伙伴，不论它们凶猛还是温顺，也不论它们强大还是弱小。
　　这里有生活在澳洲的可爱的树袋熊，也有生活在美洲的英武的白头海雕，更有生活在亚洲的憨态可掬的大熊猫……

"活化石"鸭嘴兽

　　鸭嘴兽是世界珍稀动物，有"活化石"之称。它分布于澳大利亚南部和塔斯马尼亚岛，是澳大利亚特有的单孔目动物。它的嘴和脚像鸭子，尾部像海狸，是世界上仅有的 3 种卵生哺乳动物之一。鸭嘴兽主要在水中捕食小鱼虾、青蛙、螺蛳、蚯蚓、蠕虫、水生昆虫、蜗牛等。由于它的活动量大，所以食量也很大。鸭嘴兽每天所吃的食物几乎和它的体重相等，有人观察到一只鸭嘴兽一天吃了 540 条蚯蚓、2~3 只虾，还有 2 只小青蛙。

　　鸭嘴兽的历史非常悠久，它的祖先早在 1.8 亿年前的侏罗纪就出现了，那时它们分布很广。可是到了 7 000 万年前，许多更先进的哺乳类动物大量繁衍，这些古老的动物逐渐绝灭了。但生活在澳大利亚大陆的动物很幸运，由于地壳运动，澳大利亚同其他大陆分开了，所以，后出现的哺乳动物不能到达这块地方，鸭嘴兽的祖先得以在此生息繁衍，并且一直保存着原始的卵生状态，这对于研究哺乳类动物的起源有着重要的作用。

　　鸭嘴兽是非常奇特的动物，对它的发现和命名也经历了非常漫长的过程。从发现这种动物到给它定名，这中间经过了漫长的 100 年，在反复琢磨后，科学家才给它起了一个合适的名字——鸭嘴兽。这主要是因为它具有哺乳动物的特点，用乳汁喂养幼崽；同时又具有爬行类、鸟类的特点，生殖孔与排泄孔全在一起，生殖方式是卵生，而且还孵卵；它嘴的外形又像鸭

▲鸭嘴兽是卵生哺乳类动物，属鸭嘴兽科。嘴扁平凸出，状似鸭嘴，身披兽毛，五趾间有蹼

003

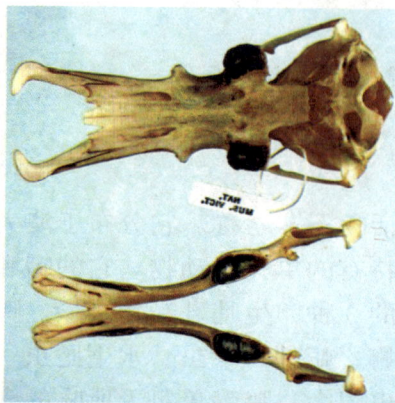

子的嘴。

单从它的外形来看，就很奇特。它的身体像兽类，全身长满浓密的短毛，体形为流线形，身长约50厘米。它的嘴是颌部的延长，外形极似鸭子的嘴。别看它的嘴像鸭嘴，它的嘴可比鸭嘴高级多了。它的嘴里面是角质的，覆盖在角质上面的是一层柔软的、富有弹性的黑色皮肤，皮肤里还有一些特殊的结构，能感应到动物肌肉里电场的移动，这使得它能准确地把藏在水底淤泥里的小动物捕捉到。它嘴的前缘还有脊纹，可以咬食物，下颌两旁还有"过滤器"，可以用它把水过滤出去。

另外，如果大家仔细观察，就会发现从鸭嘴兽的头部看不出它长着耳朵。而实际上它也有耳孔，只是没有外耳，当然这也是有实际的用处的，甚至可以说，这是自然进化的产物。当它在潜水的时候，耳孔和眼睛紧靠在一起，耳孔和眼睛上的肌肉褶皱把耳孔和眼睛严密地遮盖起来，使水无法进入。

鸭嘴兽还有一点叫人感到恐怖的地方，就是它能散布毒气！鸭嘴兽的爪子不仅锐利，在雄兽后脚的踝部还长着终身存在的锋利的角质距，这个角质距中空，与毒腺相连接，能渗出毒液。这种毒液能使狗很快死去，如果注射到兔子的皮下，两分钟之内兔子就一命呜呼，可见其毒性之强。如果人碰到了毒液，及时治疗是可以痊愈的。

鸭嘴兽生活在河边，用它那锐利的爪子在河边挖掘洞穴，并在里面筑窝。它白天在洞内睡觉，傍晚出来下水捕食。

鸭嘴兽喜欢在水边挖洞而居，尤其是在近水的树下建造它的地下室。地下室有两个洞口，一个在水下，一个在岸上。由于岸上的洞口容易被敌害发现，聪明的鸭嘴兽就在洞口用杂草、碎石伪装起来，这样敌害就不容易发现了。水下的那个洞口则主要是为了方便到水下觅食，还能逃避敌害。

鸭嘴兽是单孔目动物。单孔目是什么意思呢？就是鸭嘴兽的大肠末端只有一个孔，这个孔既排泄尿液，也排出精子或卵细胞，被称为

▼在水中游弋捕食的鸭嘴兽

泄殖腔孔。而动物界只有爬行类和鸟类有泄殖腔孔，在这点上，鸭嘴兽与它们是相似的。

鸭嘴兽是卵生的，它的繁殖季节在每年8月上旬到10月。产卵时，雌兽在洞中用草、树叶和树根等做巢。雌兽每次产1~3枚卵，卵约似鹌鹑蛋大小，白色，由雌兽抱在胸前孵化。雌兽无乳头，乳腺管的开口在腹部乳腺区，在繁殖期可从该处分泌乳汁，供幼崽舔食乳汁。

人类在对鸭嘴兽的研究中，发现了哺乳动物与爬行动物的亲缘关系，同时也肯定了现在的哺乳动物起源于古代的爬行动物，还确认了单孔目动物是最低等的哺乳动物。

鸭嘴兽是世界上极其珍贵的动物，在学术上对研究古生物有重要意义，但因追求标本和珍贵毛皮，多年的滥捕已使这个种群严重衰落，鸭嘴兽曾一度面临灭绝的危险。目前，澳大利亚政府已制定保护法规对其进行保护。

憨态可掬的树袋熊

树袋熊有一个好听的名字——考拉，它被称为"世界上最可爱的动物""从童话里走出来的动物"，深受世界各国人民的喜爱。澳大利亚是有袋类动物的王国，是有袋类动物最集中的地方，而树袋熊是其中最珍贵的一种。

树袋熊长得很像丝绒的玩具熊，肥胖的身子上长满毛茸茸的淡灰色或淡黄色绒毛，没有尾巴，头很大，两只半圆形的大耳朵直立在头顶两侧，长长的绒毛遮盖着耳廓，脸部长着短短的绒毛，而一个黑黑的鼻子却是光溜溜的，非常惹人喜爱。树袋熊以它那软绵绵、圆滚滚的身体和琥珀球般的眼睛迷倒了全世界的人，即使是一个不喜欢小动物的人看到它那憨态可掬的样子也会忍不住想要抱一抱它。

树袋熊的足较长，爪锋利有力，善于攀爬树干，是一种树栖动物。趾长得像人的手指似的，大趾与其他四趾分开，能做抓握动作，便于抓住树枝。它常年栖居在桉树林里，只吃有限的几种桉树的树叶。白天，树袋熊通常将身子蜷作一团栖息在桉树上，除了吃树叶就是睡觉，连下树饮水都懒得动，仅从树叶中取得自身需要的水分，致使皮肤都能散发出强烈的桉树油的气味。树袋熊一天有 20 个小时在闷头睡觉，白天难得睁开眼睛，只有晚间才外出活动，沿着树枝爬上爬下，寻找桉树叶充饥，它的一举一动也总是慢吞吞的。

每年夏季是树袋熊的交配期，雌性树袋熊怀孕 1 个月后，就生下幼崽，一般每胎仅产 1 崽，很少有双胎。这时在澳大利亚是炎热的夏天，刚出生的

▶可爱的树袋熊是一种树栖动物，它的足趾能做抓握动作，便于抓住树枝

▼ "母子"情深的树袋熊

小树袋熊眼还未睁开，浑身无毛，后肢还未发育完全，约 15 毫米长，体重很轻，仅有几克，犹如一条小爬虫，但能钻进母亲腹部的皮质育儿袋内吮吸乳汁。5 个月后，小树袋熊体长可达 16 厘米，可它还撒娇似的躺在母亲怀中；6 个月后，毛长得差不多了，才开始爬出来到妈妈的背上玩，但仍离不开育儿袋中的乳头；直到 1 岁时，才依依不舍地离开母亲，开始独立的野外生活。

奇怪的是，即将独立生活的小树袋熊非常爱吃成年树袋熊的粪便！原来树叶基本上都由纤维素组成，而树袋熊本身对这种纤维素是不能消化的，它所以能消化树叶食物全靠滋生在它盲肠里的一种微生物，这种微生物能帮助树袋熊把咀嚼过的纤维转化为可以被消化吸收的酶。即将独立生活的小树袋熊，体内正缺少这种微生物，它吃成年树袋熊的粪便，目的是获得其中的微生物。

树袋熊的胃口很大，食性却很狭窄，非桉树叶不吃。桉树叶是一种低劣的食品，几乎不含糖和脂肪，蛋白质也是微乎其微。因此，在树袋熊的体内几乎找不到脂肪，遇到干旱天气，甚至常会由于缺少蛋

▲桉树的大面积消失正严重地威胁着树袋熊的生存

白质而死亡。

在自然界几乎没有其他动物会来和树袋熊争夺这种缺乏营养并散发着怪味的树叶，所以树袋熊没有其他的天敌，它唯一的天敌就是人类。因为树袋熊皮毛的保温性强，仅次于北极动物，能制作华贵的皮衣，所以不断遭到人们的猎杀，到 20 世纪初几乎绝种。幸好 1927 年澳大利亚政府宣布了禁猎令，才使这种动物脱离了绝种的危险。但树袋熊的厄运并没有就此消失，它们赖以生存的栖息地和食物来源——桉树林正在大量消失，直接威胁着树袋熊的生存。

现在，许多澳大利亚人行动起来保护树袋熊的家园。只要人类不去打扰它们，它们一定会在桉树林中不断地繁衍下去。

相关知识全接触

有袋类动物

有袋类动物是哺乳类中一个古老的类群，在晚白垩世及第三纪早期的时候，足迹几乎遍布整个世界。

随着高等哺乳动物——真兽类的兴起，有袋类在生存竞争上渐渐处于劣势，它们逐渐成为食肉类动物的捕食对象，致使其在亚洲、欧洲和非洲等大陆上相继绝迹。现生的有袋类动物只在大洋洲及南美洲的草原地带有分布。

在有袋类动物中，袋鼠是最出名、最惹人喜爱的珍兽，它的形象出现在澳大利亚的国徽上，以至于几乎成了澳大利亚的代名词。

但自从欧洲人在 1788 年移民到澳大利亚，又引进了许多新的动物，很多种有袋类动物的原始生活状态被破坏了，加之种种自然因素和社会因素的影响，已有 6 种小型袋鼠绝灭。

由于人类经济活动的加剧，今后有袋类的生存环境将会更加恶劣。目前有袋目中大约有 17 种被列入《濒危野生动植物种国际贸易公约》附录中，对有袋类动物的保护也越来越引起人们的重视。

海滩上的歌者——新西兰岸鸻

新西兰岸鸻，属鸻鸟目，鸻科。这种鸟类数量稀少，属濒危动物。

从外形上看，新西兰岸鸻是一类胸部比较肥胖的海岸栖息鸟。它们身体的上部都是清一色的褐色、灰色或者沙土色，下部是白色。其身长为 15～30 厘米。长翅膀，腿长中等，头颈短，喙笔直，比它的头短一些。

或许大家还不知道，新西兰岸鸻和其他的鸟类相比，不但善于飞，而且还能跑。新西兰岸鸻经常在海滩上奔跑，寻找小型的水生无脊椎动物充饥。新西兰岸鸻也非常机警，自我保护意识很强，只要一有风吹草动就马上展翅疾飞，逃之夭夭。它们的叫声像音调优美的口哨，几乎每个听过它们歌唱的人都很难忘记那种优美的声音。

新西兰岸鸻很喜欢在地面上筑巢，而不像其他的鸟类那样经常把自己的巢筑在高高的树枝上。在繁衍后代方面，新西兰岸鸻有着天生

► 毛色斑斓的岸鸻

的默契和合作精神。通常情况下，新西兰岸鸻每窝产 2~5 个有斑点的蛋，由雌雄新西兰岸鸻轮流孵化，幼鸟出生以后也是共同照顾，小新西兰岸鸻出世不久就可以跟随父母到处跑。

　　由于新西兰岸鸻的珍稀，现在人们已经采取了很多的措施来保护它们，并且成绩斐然。新西兰岸鸻生存的环境得到了很好的改善，数量也在不断增加。也许在不久的将来，新西兰岸鸻那悦耳的鸣叫声又能随处可闻了。

▲可爱的新西兰岸鸻雏鸟

相关知识金接触

长途迁徙的鸻

　　鸻鸟可以栖息在全球的大部分地区。在北方筑窝的鸻鸟迁徙的路程会很远，它们成群地觅食和旅行，欧洲的金鸻和美洲的金鸻就是这类长距离迁徙的鸻鸟。美洲东部的金鸻经常飞越大西洋和南美洲，来到南方的巴塔哥尼亚，然后沿着密西西比河流域返回。美洲西部的金鸻可以一口气飞到南太平洋的岛屿。

光彩夺目的极乐鸟

极乐鸟，又叫"凤鸟""天堂鸟""神鸟"，是极乐鸟科各种类的通称。在太平洋西南部的岛国巴布亚新几内亚是极乐鸟家族的"大本营"，世界上共有40多种极乐鸟，其中绝大部分都生活在这个美丽的国家。极乐鸟是一种非常珍贵、几乎濒临灭绝的鸟类。

极乐鸟体长一般在16~100厘米，以羽毛异常美丽而著称。极乐鸟是巴布亚新几内亚的国鸟，是独立自由的象征。如果大家看到巴布亚新几内亚的国旗就会发现，在这个国家的国旗上有一只展翅欲飞的极乐鸟，可见，极乐鸟在这个国家的重要地位和人们对它的喜爱。

人们听到的关于极乐鸟的传说多于对它的了解。据说直到19世纪末，还没有一个生物学家知道这种鸟类的生存环境，于是关于极乐鸟的传说越来越多，而所有的传说都与它的美丽相关。在大约500年以前，当极乐鸟第一次被引入欧洲时，人们就被其羽毛的艳丽色彩深深地迷住了。他们认为这些鸟来自天堂，所以又给它起了个名字，叫"天堂鸟"。

011

▶巴布亚新几内亚的国旗。由上红下黑两个三角形组成。绘有五颗白色五角星和展翅欲飞的黄色极乐鸟图案。

随着时间的推移，关于极乐鸟的著述越来越多，极乐鸟的故事也广为流传。据说，有一个小女孩，当她长到十几岁的时候还不会走路。一次和家人一起乘船旅游，在船上，她听别人说船板上有一只极乐鸟。小女孩非常想看看这只她梦中都想见到的极乐鸟，于是一股真切的渴望便演化成了人间的奇迹，小女孩竟然奇迹般地站了起来，并且自己走到了极乐鸟的跟前……

▲极乐鸟体态华美，中央尾羽仅存羽轴，延长若金属丝状

极乐鸟不但样子美丽，而且叫声也非常悦耳，世世代代以来，极乐鸟都是鸟类中的歌唱家，唱着从祖先那里传承下来的歌。相传在遥远的古代，新几内亚岛上的贵族在宴会时，把极乐鸟与毒蛇放在一起。如果极乐鸟唱得好，那么便免于被毒蛇所杀，否则就要被毒蛇吃掉，而极乐鸟总是能幸免于难。

▲极乐鸟的美丽羽毛为它们惹来了杀身之祸

　　在大多数鸟类中，只有雄性才有令人惊叹的美丽羽毛，那本是用来吸引雌性的，极乐鸟也不例外。在繁殖季节，雄鸟会选择一根视野开阔、便于看到多只雌鸟的树枝，站在上面对着雌鸟优美地拍打翅膀或上下翻转，令羽毛像耀眼的瀑布般跳跃，以此来展示自己。那些尾羽带有奇异色彩的极乐鸟则会来回飞行。如果一只雌鸟爱上了它所见到的那只雄鸟，就会和它交配，但交配后雌鸟会离开雄鸟，独自产蛋和抚养幼鸟。看来，虽然雄极乐鸟更为漂亮，但是相比之下，羽毛并不艳丽的雌极乐鸟的母爱倒是更伟大。

　　极乐鸟美丽的羽毛为它们招来不少杀身之祸。在极乐鸟的故乡巴布亚新几内亚，世世代代以来，当地人都用极乐鸟的羽毛做举行仪式时用的头饰，但这还不至于使极乐鸟遭到灭顶之灾。随着欧洲贵族把极乐鸟羽毛视为珍宝，大批利欲熏心的商人纷纷涌入极乐鸟的栖息地，从当地人手中收购极乐鸟。一时间，交易红火异常，大批极乐鸟标本被源源不断地运往欧洲，极乐鸟遭到了更加过度的捕杀。现在它们已经濒临灭绝，属世界濒危野生保护动物。

▼巴布亚新几内亚是极乐鸟家族的"大本营"

相关知识全接触

巴布亚新几内亚

　　在太平洋西南部的岛国巴布亚新几内亚，位于新几内亚东半部及附近俾斯麦群岛，西邻印度尼西亚伊里安查亚，南隔托雷斯海峡与澳大利亚相望，首都是莫尔兹比港。英语和莫土语是议会中使用的官方语言，以信仰基督教为主。

　　巴布亚新几内亚 1973 年 12 月获得自治，1975 年 9 月 16 日宣告独立，称巴布亚新几内亚独立国。经济以矿业、农业为主。20 世纪 80 年代，发现几处大金矿，成为世界主要黄金产国之一，铜产量亦较大。农业主产咖啡、可可、椰子、菠萝、棕油、橡胶、茶叶、甘薯、稻米等。有食品、木材加工、金属制品等工业。沿海产金枪鱼、鲐鱼等。1992 年，金、铜分别占出口收入的 36.7% 与 32%，还输出木材、鱼类罐头、咖啡、可可。进口以燃料、机器、牲畜、食品等为主。

阿拉伯"神兽"——狒狒

狒狒分布于非洲东北部及亚洲的阿拉伯半岛，是灵长目猴科中唯一集大群营地生活的高等猴类，在它们的群体中，有着严格的纪律，等级分明。由于近年来狒狒生活环境的日益恶化，现在野生狒狒的数量已经大为减少，成为世界上珍贵的动物。

那么，人们是怎么发现狒狒的呢？

早在 4 000 多年前，古埃及人就已经开垦了富饶的尼罗河流域。当地的山野里有一种动物，头很大，嘴巴很长，脸的两颊以上直至肩背部长着像雄狮般的直立长毛，从背后看像是个披着蓑衣的老者，人们叫它"蓑狒"，又因为它头大，很像狗，也称它"狗头猿"。古埃及人很早就把狒狒当狗一样驯养，让它们看门或上树采摘鲜果。由于狒狒很聪明，四肢灵活，能爬树上房，比狗能干，所以古埃及人称它们为"神兽"。

从外形上看，狒狒的长相滑稽逗人，大大的脑袋，光光的脸，不高的个子。雌、雄个体体形相差悬殊，雄狒狒体长 70~75 厘米，尾细，

▼搏斗中的狒狒

长约 25 厘米，雌狒狒则很小。它们身上的毛都是灰褐色，脸上没有毛，呈淡淡的粉红色的。狒狒的四肢发达粗壮，尾巴细长，犬齿特别强大，既能咬坚硬的多汁植物的茎、叶和根，又善于捕捉昆虫和小动物。狒狒的手脚粗壮，长着黑色的毛，手和脚的拇指（趾）可对握，能灵活地用脚拾起东西。狒狒大多生活在半荒漠地带树木稀少的石头山上，因此它们爬山的本领很大，崎岖陡峭的高岩都能飞快地爬上去，爬树更不在话下。

▲ 深邃的目光

015

　　狒狒是群居性的动物，它们也是猴类中族群制度最为严格的动物，有的时候一群就有几十甚至几百只，由一只体格强壮的雄狒狒统领。如遇敌人来犯，队伍就会立即调整，雄狒狒就会挺身向前，排开迎敌的阵势，组成一道屏障，把体弱和年幼的同伴与敌人隔开，然后勇敢地与强敌展开殊死搏斗。在这群无私无畏的狒狒面前，连猎豹这样的猛兽也只能"望狒兴叹"。

　　狒狒虽然性情凶狠，但若从小饲养加以驯化，就会很温和还善解人意。

狐猴科中的体形最大者——领狐猴

领狐猴又名瓴毛狐猴、斑狐猴，灵长目，狐猴科，领狐猴属，是狐猴科中体形最大者。目前领狐猴的数量已经非常稀少了，属于珍稀保护物种。

领狐猴的分布量很少，它分布于马达加斯加岛东部的赤道雨林，从北至马索拉半岛、南至法腊方加纳等地，可以看见它们的踪迹。

从外形上看，领狐猴的身长 60～75 厘米，而最令人叫绝的是它们那条长长的尾巴，几乎与身体等长。眼珠呈金黄色，总是瞪得圆圆的，煞是可爱。它们的头黑，耳朵上有白色簇毛，尾巴亦为黑色，腿比臂长得多。

领狐猴的生活习性与其他狐猴相近，但又有许多与众不同之处：它们整个猴群很像是一个小社会，而组成社会的小单元就是一夫一妻的家庭，居群之间虽无领土防御行为，但其沙哑的、拉锯般的啼叫，就是相互警告的信号。

中国的诗人李白曾写过这样的诗句："两岸猿声啼不住，轻舟已

跑动中的领狐猴

过万重山。"形容的就是猿猴高
亢的叫声。领狐猴的叫声也是如
此，当它们开始用声调不同的叫
声交流的时候，那种独特的声音
在森林中此起彼伏，遥相呼应。
群猴"齐唱"时，叫声忽高忽
低，沙哑而苍凉，常会给神秘幽
暗的森林增添些扑朔迷离的气
氛。

领狐猴和其他的猴子一样，
树林是它们的栖息场所。领狐猴
多栖居在树林冠层，以四足运动
方式为主，但常有垂直攀跳动
作，这是一种原始步态。休憩时
常蹲坐在树干枝杈部位。

领狐猴的生殖方式也很特
殊。领狐猴生殖高峰集中在 10

▲领狐猴社会是一夫一妻制的

月份和 11 月份，每次产 2～3 崽。在非繁殖季节，雌猴的阴道闭合，
发情期仅 1～3 天，交配期更短，仅限于 12 个小时内，孕期为 102 天，
这样短的生殖周期与领狐猴硕大的体形很不相称。可能正是这个原因，
初生的小猴发育尚不完全，出生时体重仅约 100 克。

初生小猴已睁眼、长毛，但体质极弱，无力抓住母体。幸好母猴
总是在分娩前修筑好"产房"，用干草树叶和自身的腋毛铺垫成小窝，
可供小猴舒服地"满月"。需要移动时，母猴便用嘴叼着小猴走，显得
亲切动人。

天生的"旅行家"——斑马

斑马，属奇蹄目，马科，斑马属，主要分布于非洲东部、中部和南部。斑马的外形与一般的马没有什么两样，因身上有起保护作用的斑纹而得名。斑马共有3种，即山斑马、普通斑马、细纹斑马。三种斑马的生活习性都差不多。从它们身上的斑纹图式、耳朵形状及体形大小即可将其区分。

虽然都是斑马，身上也都有花纹，但它们的样子及生活习性等还是或大或小地存在着差异。

从外形上看：南非所产的山斑马，除腹部外，全身密布较宽的黑条纹，雄体喉部有垂肉；非洲东部、中部和南部所产的普通斑马，由腿至蹄具条纹或腿部无条纹；分布于索马里、埃塞俄比亚南部至肯尼亚北部的细纹斑马是斑马中体形最大的，横纹的线条最细，形态优美。

从生活习性上看：山斑马喜欢在多山和起伏不平的山岳地带活动；普通斑马栖于平原草原；细纹斑马栖于炎热、干燥的半荒漠地区，偶

▲斑马各部位的条纹宽窄不一

▲斑马常常结成小群游荡

见于野草焦枯的平原。

斑马是很胆小的动物。它们性格谨慎，通常结成小群游荡，但还是很难躲过狮子的捕食。

斑马身上漂亮的条纹是怎样形成的呢？为什么同是斑马，每个斑马身上的斑纹又不一样呢？

原来，在雌斑马的妊娠早期，一个固定的、间隔相同的条纹形式就已经确定在胚胎之中了。之后在胚胎发育的过程中，由于身体各部位发育的情况不同，所以，幼崽出生后各部位所形成的条纹也就不一样，有的较宽，有的狭窄。例如斑马颈部的条纹较宽，那么颈部的最早条纹形式必须在胚胎发育的第七个星期、颈部伸长之前确定。另外，条纹也不能早于胚胎发育的第五个星期出现，因为斑马长着一条具有条纹的尾巴，而这条尾巴在胚胎发育的第五个星期以前尚未出现，这时胚胎的长度大约为 32 毫米，条纹的数目约为 80 个，据此可以推算出最初确定的每个条纹的宽度大约为 400 微米，即每一个条纹有 20 个胚胎细胞的宽度。至于它四肢上的条纹为什么呈水平方向，则可能是腿部在胚胎发育过程中，所有的条纹机械地转过一个角度而形成的。

那么，斑马身上漂亮而雅致的条纹又有什么作用呢？

斑马身上的条纹是同类之间相互识别的主要标记之一，更重要的

▶羚羊等动物常受刺刺蝇的威胁

是，作为适应环境的保护色，是为适应周围的环境而进化的结果，是作为保障其生存的一个重要防卫手段。

这种保护色是长期适应环境和自然选择而逐渐形成的，历史上也曾出现过一些条纹不明显的斑马，由于目标明显，所以易于暴露在天敌面前，遭到捕杀，最后绝灭，在漫长的生物演化过程中便逐渐被淘汰了。只有那些条纹分明、十分显眼的种类尚能生存到现在。

这和大家想象的就不一样了，因为在大家的印象中，斑马身上的条纹是很显眼的，怎么会起到保护斑马的作用呢？

原来，这和非洲草原的独特环境及阳光的反射是分不开的。在开阔的草原和沙漠地带，这种黑褐色与白色相间的条纹，在阳光或月光照射下，反射光线各不相同，起着模糊或分散其体形轮廓的作用，一眼望去，很难与周围环境分辨开来。这种不易暴露目标的保护作用，对动物本身的安全是十分有利的。

另外，斑马身上的条纹还有更多意想不到的作用。近年来的研究认为，斑马身上的条纹可以分散和削弱草原上的刺刺蝇的注意力，是防止它们叮咬的一种手段。刺刺蝇是传播睡眠病的媒介，它们经常叮咬马、羚羊和其他单色动物，却很少威胁斑马的生活。

人类从这种现象中得到了启示，将条纹保护色的原理应用到海上作战方面，在军舰上涂上类似于斑马条纹的色彩，以此来模糊敌方的视线，从而达到隐蔽自己、迷惑敌人的目的。

陆上动物中的"巨人"——非洲象

非洲象生活在非洲，它们的生活区域很广，在森林、开阔草原、草地、刺丛及半干旱的丛林中都可以看见它们的身影。20世纪初，估计有300万~500万头大象生存在非洲，而如今生存在野外的只有不到50万头，成了珍稀物种。

象是迄今生存着的最大型陆生哺乳动物，雄性非洲象重达7.5吨。据记载，最大的一头非洲雄象是1974年11月7日在安哥拉南部被发现的，它肩高约3.96米，体长10.67米，前足周长1.8米，体重11.75吨。

象还是哺乳动物中的"寿星"，一般可活110~120年，比起狮子、老虎要长寿许多。但遗憾的是，目前野生的非洲象数量已经不多。据报道，1979—1988年，非洲象从130万头锐减至75万头。有人预言，按这种速度递减下去，到21世纪中叶前，这个物种将至灭绝。

那么，是什么原因使得非洲象被大量猎杀呢？非洲象之所以会遭到杀身之祸，是因为它身上那两根凸出的长牙。为此，国际濒危物种保护组织曾达成禁止出口象牙的协议。

▲野生的非洲象已经日渐稀少

爱吃香蕉的蕉鹃

　　蕉鹃，属于鹃形目鸟类，大约有 23 种，分成蕉鹃亚科和灰蕉鹃亚科两种，其中蕉鹃亚科有 17 种，灰蕉鹃亚科有 6 种。

　　蕉鹃是非洲特有的一种鸟类，目前已濒临灭绝。

　　蕉鹃主要分布在非洲的森林、草原和山地中，森林中的蕉鹃种类通常色彩更艳丽，灵活地跳跃于树冠的枝叶中，有些山地种类则分布于非洲最高的几座山上。

　　从外形看，有些种类的蕉鹃是清一色的灰色、褐色或者白色。大约有 10 种蕉鹃有独特的红色素、羽红素和绿色素，因此会呈现艳丽的色彩，堪称非洲最美丽的鸟类。

▲红冠蕉鹃

蕉鹃有长尾巴、短翅膀，还有漂亮的羽冠，它们整天都在树林里寻找水果吃，有时也吃一些昆虫。蕉鹃可以说是所有鸟类中最喜欢吃水果的，它们最喜欢吃的水果是香蕉。它们喜欢吵闹，常常叽叽喳喳地聚在一起到处活动，不过筑窝的时候却喜欢单独行动。

蕉鹃的种类很多，其中最著名的就是白腹灰蕉鹃，分布于东非的干旱疏林和灌木丛中，体形中等，机灵活泼，也非常美丽，它们总是喜欢叽叽喳喳地叫个不停，是一种喜欢吵闹的鸟类。

还有一种是蓝冠蕉鹃，它是蕉鹃中体形最大的一种，分布于中非和西非的热带雨林中，活跃于森林顶层。这种鸟颜色鲜艳，体长约75厘米，体重超过1千克；而其他种类的蕉鹃多数大小相似，长40～50厘米。每对蓝冠蕉鹃都可能会在同一个繁殖季两度筑巢，但通常每窝只产2枚卵。

相关知识全接触

鹃形目

鹃形目有3科，我国只有1科。鹃形目成员有些是善于攀爬的森林鸟类，有些则是地面生活的鸟类；有的以昆虫等动物性食物为主食，有的则主要食用植物性食物。

鹃形目的一些种类以巢寄生的习性而著称，它们产卵于其他鸟的巢中，靠其他鸟代为孵卵育雏。也有一些鹃形目的鸟类不具有巢寄生的习性，而是自己孵卵育雏。

▶ 鹃形目杜鹃科的红翅凤头鹃

动物界的缝纫高手——克拉克织布鸟

克拉克织布鸟，属鸟纲，雀形目，文鸟科，织布鸟属。其主要生活在非洲，生活在亚洲的织布鸟大约有 5 种。

克拉克织布鸟是一种非常珍贵的鸟类，已被列入濒危动物名单。

那么，大家为什么要给这种鸟起一个如此奇怪的名字呢？

原来，在繁殖期间，克拉克织布鸟常成对地共同在一棵树上营巢。鸟巢呈长把梨形，悬吊于树木的枝梢，以草茎、草叶、柳树纤维等编织而成。有人曾把它们的巢取下来观察过，发现那巢"缝"得非常细密，恐怕有些连人也会自叹不如呢，它们不愧为动物界的缝纫高手。

从外形上看：克拉克织布鸟的大小很像麻雀，嘴强健；第一枚飞羽较长，超过大覆羽；大多数雄鸟一年有两种羽色，非繁殖季节雄鸟羽色似雌鸟，繁殖期羽色上有变化。典型的织布鸟雄性羽毛呈黑色和

▲克拉克织布鸟在筑巢

▲红嘴奎利亚雀是非洲大陆最大的农业害鸟之一

黄色，雌性不那么显眼，呈淡黄色或褐色，有些像麻雀。

克拉克织布鸟喜欢群居，往往在一棵树上筑造有十几个鸟窝。窝里常同住着多对夫妻，不过每对夫妻都有单独进出的门。

从生活习性上看，克拉克织布鸟主要活动于农田附近的灌草丛中，营群居生活，常结成数十只至数百只的大群。性格活泼，主要取食植物种子，在稻谷等作物成熟期间，也窃食稻谷。在繁殖期，它们还兼食昆虫。

相关知识全接触

文鸟科

文鸟科在鸟类传统分类系统中是鸟纲雀形目中的一个科，包括麻雀、雪雀、织布鸟、牛文鸟、寡妇鸟等不同类群，广布于旧大陆（东半球陆地，即亚欧非洲），以非洲热带地区居多。

文鸟科约有140余种鸟，我国约有15种。文鸟科中的一些成员数量很多，其中红嘴奎利亚雀是非洲大陆最大的农业害鸟之一，树麻雀则是我国多数地区最常见的鸟。

南非国鸟——蓝鹤

蓝鹤在生物学分类上属于鹤类家族，它们的主要栖息地在南非。蓝鹤是南非的国鸟。

蓝鹤是一种高雅而美丽的鸟，它们的个头比较大，体形独特优美，外表安详而自信。尤其是当它们偶尔像芭蕾舞者那样旋转着翩翩起舞，或是快乐地"高歌"时，更能充分展示它超凡脱俗的气质。

从外形上看，蓝鹤的羽毛多层、柔美而修长。它的头形很一般，仿佛只给自己挑选了一顶朴素无沿的便帽。但头后部的羽毛特别长，顺顺滑滑地构成一个弧形，使头部看起来非常圆润，同时也将脖颈衬托得更加纤细。

在鹤类社会，一旦双方确定了配偶关系，那么彼此便会"从一而终"，直至其中一方去世，蓝鹤也是这样的。令人称奇的是，双方只要"结了婚"，肯定会形影不离，极少出现一方远离到对方视野以外的情况。甚至在非繁殖期，当"夫妻俩"要暂时回到群体中过集体生活时，它们仍会恩爱有加，如影随形，时刻保持着亲密状态。

▲蓝鹤"夫妻"形影不离，恩爱有加

▲正待"起舞"的蓝鹤

蓝鹤主要栖息在南非，但是也会季节性地跨越国界，飞到邻近的斯威士兰、博茨瓦纳，甚至津巴布韦等国家，偶尔还会在这些地方筑巢。不过，可以肯定的是，99％的蓝鹤是以南非为家的。

蓝鹤一般在春天筑巢孵蛋，通常一窝蛋只有 2 枚。新生的小蓝鹤表现得十分好斗，如果不及时将同一窝的两只雏鸟隔离开来，肯定会造成二者相斗、两败俱伤，甚至双双死亡的恶果。

同其他珍贵的鸟儿一样，蓝鹤也正在面临着数量不断减少的厄运。在南非蓝鹤的命运并没有因为它们的高贵地位而改变。蓝鹤的悲惨命运源于人们不负责任地滥施农药，更为恶劣的是，有些农民在发现蓝鹤"入侵"他们农田的时候，会有目的地针对蓝鹤施放毒药。导致蓝鹤生存条件恶化的另一个原因在于，蓝鹤的栖息地也正因遭到人类的破坏而不断地萎缩，甚至很多蓝鹤已经到了无家可归的悲惨境地。

所幸的是，近几十年来，南非已经加大了对蓝鹤的保护力度，比如政府在全国范围内普遍开展了沿路计算蓝鹤数量的活动，以监控蓝鹤的数量。这种做法是具有典范性作用的，它为其他地方的鸟类保护工作树立了榜样。

机敏的吉祥物——水獭

水獭是鼬科中体形较大的动物，又名水狗，分布广泛，在欧亚大陆、非洲和美洲的水域都能见到。水獭还曾被选为 2002 年冬季残奥会的吉祥物。

水獭的体形细长，体重 7~12 千克，体长 70~80 厘米，四肢短圆，趾间有蹼，头部扁宽。全身毛短而密，具丝质光泽。体背及尾为棕黑或咖啡色，喉、颈下和胸部略呈灰色，腹部浅棕色。

从生活习性上看，水獭属半水栖生物，生活在河流、湖泊和溪流中，尤喜在两岸林木繁茂的溪河、洼地一带生活，在沿海及岛屿周围也有栖息。水獭多穴居，其巢穴通常筑在靠近水边的树墩、芦苇和灌丛下，或利用狐、獾的旧巢。洞穴一般有两个洞口：出入的洞口一般在水下；另一洞口伸出地面，为气洞，以利空气流通。它栖息的主洞宽阔，常铺有少许干草树枝。水獭主要以鱼为食，兼吃螃蟹、青蛙、蛇、水禽及小型哺乳动物等。它们昼伏夜出，特别是有月亮的夜晚，

▲ 很会吃螃蟹的水獭

▲ 刚从水中出来的水獭，边走边回头

活动更加频繁。水獭无明显繁殖季节，一年四季都可交配，每年繁殖两胎，每胎产 1~3 崽。

水獭的听觉和嗅觉发达，游泳技能高超，能在水下潜泳 7~8 分钟；它那有蹼的四肢，就像两只强有力的桨，使它能在水中快速追捕逃遁的鱼类；扁阔的长尾巴，就像船舵一样，控制着它游泳的方向。这样，水獭便能在水中忽前忽后、忽左忽右，翻滚自如，然后将鼻孔伸出水面换气。水獭还能直立身体踩水前行，使头和颈部露出水面，以观察水域以外的动静。可是水獭一上陆地，行动就变得缓慢了，它先是蹬开四条短粗的小腿，再用腹部紧贴地面，一起一伏，呈波浪状匍匐前进，其状滑稽可爱。冬天来临时，它们常三五成群地蹒跚在薄冰或浅雪上，一遇敌情，"哨獭"就会立即发出"哈！哈！哈！"的狂叫声，同伴便很快地钻到冰窟或雪下逃遁。

由于水獭皮厚而绒密，柔软华丽，因此被无节制地捕猎，加之开发建设使水域污染，水獭的数量已十分稀少，亟须加强保护。

鱼类中的"活化石"——拉蒂迈鱼

拉蒂迈鱼，属于腔棘鱼目、矛尾鱼科的唯一种，是唯一现生的总鳍鱼类，被称为鱼类中的"活化石"。这不仅仅是因为它的数量少、分布狭窄，更重要的是它所蕴含的科学意义。

拉蒂迈鱼是地球上最古老的鱼类，出现在泥盆纪，早期生活在容易干涸的淡水河湖中。那时，它们的主要呼吸器官是鼻孔和鳔，后来由于环境的变化，在三叠纪以后，它们来到了海洋，逐渐变成用鳃呼吸。拉蒂迈鱼的身体圆厚，体表呈蓝色，腹部宽大，嘴里生有锐利的牙齿，属肉食性动物，因为在它的肠胃里发现了鱼类残骸。更有意思的是，一位美国科学家在解剖一条拉蒂迈鱼时，在它的输卵管里发现有 5 条幼鱼，显然，它是卵胎生的。

◀ 特征明显的拉蒂迈鱼

拉蒂迈鱼是被科学家认为早已灭绝的鱼类，可是在 20 世纪 30 年代，人们竟意外地发现了活的拉蒂迈鱼。此后，拉蒂迈鱼仍不断被发现，但迄今为止，全世界也只发现了 200 条，而且其分布区仅限于非洲南部马达加斯加岛附近海域。

第一条拉蒂迈鱼的发现是很偶然的，这个发现有重大的意义，因为自那时开始，拉蒂迈鱼从 6 500 万年前就同恐龙一起灭绝的定论被打破了。

1938 年 12 月 22 日，第一条拉蒂迈鱼从非洲东海岸的东伦敦岛附近大约 73 米的海水中被打捞到。可惜它出水后只活了 3 个小时就死

▶ 拉蒂迈鱼的身体结构

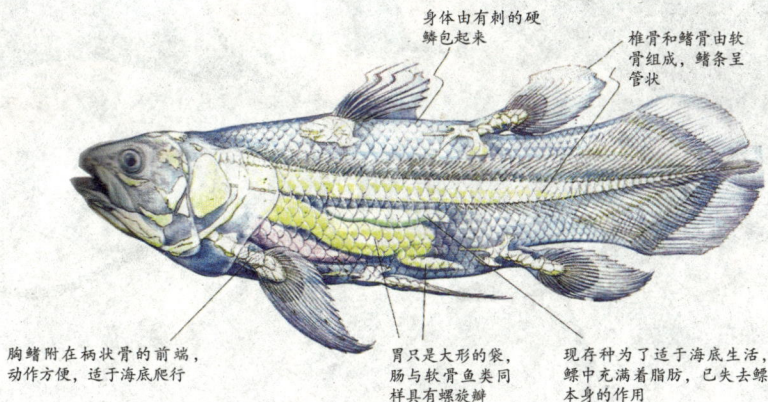

身体由有刺的硬鳞包起来

椎骨和鳍骨由软骨组织成，鳍条呈管状

胸鳍附在柄状骨的前端，动作方便，适于海底爬行

胃只是大形的袋，肠与软骨鱼类同样具有螺旋瓣

现存种为了适于海底生活，鳔中充满着脂肪，已失去鳔本身的作用

了，而且标本保存得不好。这条鱼身长 1.5 米、重 58 千克，由于当时没有防腐剂，内脏器官大部分腐坏了，最后只把鱼皮保存下来。

后来相隔 14 年，在 1952 年 12 月 20 日的夜里，在马达加斯加岛西北的科摩罗群岛附近又得到了第二条拉蒂迈鱼。这条鱼身长 1.39 米，形状和前次发现的拉蒂迈鱼差不多。有趣的是，当发现拉蒂迈鱼的消息传到南非，当时的南非总理立即下令，派军用飞机去取回这条珍贵的鱼。当载着第二条拉蒂迈鱼的飞机降落在南非开普敦国际机场的时候，南非总理亲自赴机场迎接。可见，拉蒂迈鱼是多么的珍贵。当时，他说的第一句话就是："噢，我们的祖先原来就是这个样子。"

人类最后一次发现这个鱼种是在科摩罗群岛附近，这条鱼被钓上来以后养在捕鲸船中，活了 19 个小时。当时法国学者米洛特教授知道后，立即赶到现场，终于看到了活的拉蒂迈鱼。

那么，拉蒂迈鱼到底有什么价值呢？

20 世纪 80 年代以前，科学界一直认为总鳍鱼类中的骨鳞鱼类是陆生四足动物的祖先，而拉蒂迈鱼是骨鳞鱼的近亲，它的现生种类的发现，无疑对研究脊椎动物由水上陆的进化提供了解剖学上的重要证据。现在，虽然我国学者已经否定了骨鳞鱼类是四足动物祖先的理论，拉蒂迈鱼不再是四足动物祖先的直接近亲了，但是拉蒂迈鱼对于了解腔棘鱼类乃至总鳍鱼类的解剖构造、生活习性和进化关系等仍然有重要意义。因此，拉蒂迈鱼仍然是研究生物进化的珍贵的"活化石"。

大家推测，从猿到人是人类发展史的一个阶段，再推上去就是从

▲鱼类中的"活化石"——拉蒂迈鱼

鱼到人了。在研究从鱼到人的时候，从化石材料了解不到的情况，可以从拉蒂迈鱼身上获取。

现在如果大家有兴趣的话，也是可以在我国看见这种鱼的。1982年，科摩罗政府将一条珍贵的拉蒂迈鱼浸制标本赠送给我国。这条国内唯一的拉蒂迈鱼标本就保存并陈列在位于北京的中国古动物馆的一层展览大厅内。

温驯美丽的跳羚

跳羚属偶蹄目，牛科，跳羚属唯一种，它是羚羊类中最擅长跳跃的种类，主要产于南非、西南非洲、博茨瓦纳和安哥拉。滥猎和栖息地被破坏使跳羚变得很稀少了。现在主要生活在南非的国立公园中和私人农场内。跳羚是南非共和国国徽上的主要形象。

"跳羚"是个有趣的名字，它是怎么来的呢？原来，这与它们独特的本领有关。当它们在受惊或游戏时，常常跳到 3 ~ 3.5 米高，并可以连续跳跃五六次，跳远可达 7 米，奔跑时速可达 90 千米。

从外貌上看，跳羚是非常漂亮的。雌雄都长有角，角较窄，长长地竖立着。跳羚身体上部呈明亮的肉桂棕色，下部为白色。沿腰窝有一条棕色的宽条纹，面颊和口鼻部为白色，有一条红棕色的条纹从眼部到嘴角，臀部为白色。尾巴较细，尾端有一簇黑毛。从臀部沿脊柱直到后背的中部，有一簇较长的白毛，通常沿脊柱折合起来形成很窄

▲ 美丽的跳羚

▲跳羚之跃

的袋状，一般看不见，只有在嬉闹或天气极热时，才打开一会儿。

在南非大草原上经常可以看到壮观的跳羚群，有一群跳羚还曾创过最壮观兽群的吉尼斯纪录。虽然现在还能看到壮观的跳羚群，但其规模已经远远不如以前了。当跳羚遭遇干旱迫使它们寻找新草地时，它们集成千上万只乃至上百万只的大群进行迁徙，这样的大群有时数天才能从一个地方过完。跳羚大群过后沿途留下一片被破坏的凄凉景象。途中遇到的任何动物都得跟它们一起迁徙，否则就会被它们践踏致死。

跳羚的生命力很顽强，能够适应非常恶劣的环境。它们通常生活在干旱或半沙漠化的长有灌木丛的草原上，在那里，它们甚至能够不喝水而生活很长时间，它们就是真正的生命力的象征。

跳羚生命力之强还体现在它们食性的广泛上，随着季节的不同，跳羚的食物也会有所变化，但它们会尽量选择比较有营养的食物。它们采食草本植物、灌木、种子、豆荚类、水果和花，有时也刨开地表寻找植物的根，甚至还会选择那些对其他种羚羊有毒的植物。跳羚靠采食野生的瓜类来弥补体内水分的不足，采食土壤来补充体内矿物质的缺乏。

非洲大陆上的"角斗士"——白犀牛

白犀牛是濒临绝种的保育类野生动物，属于草食性动物，麦片、粒状饲料、苜蓿草粒、青牧草等都是白犀牛的最爱。白犀牛有"犀牛之王"之称，可惜现在的数量非常稀少，仅仅分布在非洲的一些国家。

那么，白犀牛的名字是怎么来的呢？是因为它是白色的吗？其实，白犀牛并不是白色的，而是蓝灰色或棕灰色的。

黑犀牛和白犀牛其实在颜色上没有多大区别，主要的分别是在嘴巴上。黑犀牛吃树叶，嘴巴是"V"型的；而白犀牛吃草，嘴巴是半圆形的。而且白犀牛体形较大。

从外表上看，白犀牛体色由黄棕色到灰色，耳朵边缘与尾巴有刚毛，其余部分则无毛，上唇为方形。犀牛的视力很差，主要依靠听觉

▲草原上悠闲的白犀牛

看·我·的角

和嗅觉，奔跑时速可达 40 千米。白犀牛群中通常是雌犀牛与小犀牛，成年的雄犀牛则多半是独居的。

白犀牛的性格很温和，如果别的动物不去招惹它，它通常都不会主动地去攻击，但是，白犀牛的领地意识很强，它们会以撒尿及散布粪便的方式来标识自己的领地，在争夺领地时，会互相用角攻击。

目前，野生白犀牛仅生长于乌干达和向北的尼罗河上游，仅存约 4 000 只。白犀牛的鼻梁上长着两只奇特的角：前角长而向后弯，一般长 80～100 厘米，最长纪录已超过 1.5 米；后角长度一般在 50 厘米左右。

白犀牛身体庞大，四肢粗壮，皮肤坚硬，看起来很威武，但是它却很需要一个"助手"——犀牛鸟。它们总是和和睦睦，朝夕相处。这种犀牛鸟叫牛鹭，专门"伺候"犀牛。原来，犀牛的皮肤上有许多皱褶，皱褶下面的皮肤非常娇嫩，神经、血管密布其间；加上它喜欢在水泽泥沼中滚爬，时间久了，皱褶里就会滋生各种寄生虫，叮咬它的皮肤，疼痒难忍。停歇在犀牛背上的犀牛鸟，有尖长的嘴巴。它们常结成小群，在犀牛背上跳来跳去，有时它还跑到犀牛的肚子下面或腿之间，或毫不客气地爬到犀牛的嘴巴或鼻尖上去，不停地啄食犀牛皮肤皱褶里的小虫。这样既填饱了自己的肚子，又清洁了犀牛的身躯，所以人们常称这些犀牛鸟为犀牛的"私人医生"。由于犀牛眼睛很小，视力差，所以每当发生险情时，这些视觉良好的鸟类"盟友"便会立即向自己的伙伴发出警报，先是跳到它的背上，然后飞起来，大声啼叫并在上空盘旋，这时犀牛就会进入"戒备状态"，所以也有人把犀牛鸟称为犀牛的"警卫员"。

白犀牛有两个亚种：北部白犀牛和南部白犀牛。北部白犀牛生活在刚果民主共和国的瓜兰巴国家公园里，而南部白犀牛一直以来都被认为已经灭绝，直到 1895 年在南非被发现。今天，南部白犀牛主要生活在南部非洲的保护区内，博茨瓦纳、纳米比亚、斯威士兰、津巴布韦和莫桑比克也有少量分布。

▶ 可爱的牛鹭

▲ 牛鹭和犀牛是一对亲密相处的好朋友

为爱燃烧的"粉红一族"——火烈鸟

火烈鸟又称红鹳、焰鹳，产于地中海地区，在动物界素有"礼仪小姐"的美称，属世界稀有珍禽。

关于火烈鸟名称的来源主要有两种说法：一种是由于火烈鸟群体飞行时，玫瑰色的羽毛与阳光相辉映，有如晚霞蔽空，壮丽无比，在带头鸟转移方向时，好像一片烈焰在天际扩展延伸，所以得名火烈鸟；另一种是，由于火烈鸟在恋爱期间由粉白色变为火红色，故称火烈鸟。火烈鸟群一起起飞的时候，是一幅非常壮丽的图景，一只只火烈鸟或在空中自由飞翔，或在湖畔引颈远眺，构成一幅粉红色的美丽图画。

火烈鸟是一种美丽而又神奇的鸟，它最显著的特点是有着粉红色的羽毛，美艳光鲜，远远看去，宛如一团火球。如果它们成群落在一处，更像一块巨型地毯，遍地通红，光照四方。更奇异的是，无论它的羽毛有多么美丽的颜色，一经拔下就立刻变为白色。

▲为爱而燃烧的"粉红一族"

火烈鸟常从泥水中捞取各种藻类、原生动物、小蠕虫、昆虫幼虫等。火烈鸟吃食的时候是非常有趣的，它们的食物以水中的软体动物为主。当它们吃食时，总是将长颈弯下来，头部向后翻转，用它的弯嘴作勺，从水中撮起贝类来吃。

火烈鸟的成长过程也是嘴形不断变化的过程。火烈鸟的嘴在幼时并不弯曲，以后随着成长而开始由直变曲，并逐渐形成了形态奇特却又运用自如的弯曲长嘴。火烈鸟的嘴和眼生得与众鸟不同：嘴细长弯曲向下，形似仙鹤，色多淡红，基部为黄色；眼睛又细又小，与它那庞大的身躯相比，显得很不协调。

▲ 体态轻盈的火烈鸟

火烈鸟共有三属：大火烈鸟、小火烈鸟和阿根廷火烈鸟。其中大火烈鸟生活在美洲的大西洋海岸及墨西哥湾沿岸，在智利有一亚种，生活在内陆。火烈鸟喜欢群居，在非洲的小火烈鸟群是当今世界上最大的鸟群。火烈鸟在飞行时有一定队形，和雁一样也有带头鸟，但雁是由单一的个体组成"一"字形或"人"字形的排列，而火烈鸟则不然，是成片飞行的。

火烈鸟毅力惊人，它们善于长途旅行。过去人们一提到火烈鸟，就把它同美国的佛罗里达半岛联系在一起，以为火烈鸟的故乡就是在这个半岛上。其实，它的老家是巴哈马群岛，特别是大伊纳瓜群岛。这里的火烈鸟大约有 2 万只，是美洲最大的火烈鸟栖息地。每年年末，成群的火烈鸟都要到佛罗里达半岛旅行一次。

从生活习惯上看，由于火烈鸟是涉禽，所以世世代代都和水结下不解之缘。火烈鸟一般选择在三面环水的半岛上筑巢，有的筑于泥滩，也有的筑于水里，巢多采用潮湿的泥土作材料。

当它筑巢时，会用喙把湿泥滚成小球，然后用脚把小球一层层砌上去，最后筑成上小下大、顶部有凹槽的土墩。从远处看去，每个鸟巢就像一个倒立的水盆。

火烈鸟每年营巢一次，新巢多建在老巢上，就像翻盖楼房一样。更有趣的是，火烈岛为了接近水源，常常把它们的巢排列得整整齐齐，七八只鸟巢并排矗立，构成了一个很有秩序的"小村落"，巢与巢之间相距60厘米左右。

火烈鸟一般在10~11月份产卵，每次产卵2枚，卵呈淡白色。幼鸟出壳以后，只要羽毛一干，就马上能下地行走，第二天即可下水游泳。火烈鸟游动时，颈伸直向前，颇似游泳"健将"。

火烈鸟也是一种命运多舛的动物。非洲肯尼亚纳库鲁湖被誉为"火烈鸟的故乡"，但这里曾经有一大批火烈鸟连续神秘死亡。后来在一群志愿者的努力下，湖里重新聚居了300多万只粉红色的火烈鸟。最近一段时间，这里的火烈鸟数量还在不断地增加。

相关知识全接触

巴哈马群岛

巴哈马群岛是西印度群岛的三片群岛之一，位于佛罗里达海峡口外的北大西洋上，由700多个海岛和2400多个岛礁组成。巴哈马群岛上的原始居民是印第安阿拉瓦克人，通用英语，首都是拿骚。巴哈马群岛景色非常美丽，旅游业很发达。

另外，值得一提的是，巴哈马群岛上还有美国著名作家海明威的故居。海明威在比米尼这个小岛上生活了3年，写下了获得诺贝尔文学奖的《老人与海》。

▲ 巴哈马风光

▲ 爱美和倾心交谈的火烈鸟们

叽叽喳喳的北美红眼雀

北美红眼雀，属雀形目，雀科，是一种非常喜欢热闹的鸟类，总是吵吵闹闹地躲在丛林中觅食。产于加利福尼亚的褐色红眼雀数量稀少，已被美国有关野生动物保护组织列入濒危动物名单。

比较常见的是产于美国东南部的红眼雀，它的体长大约 20 厘米。它们主要分布在加拿大到美洲中部地区。头是黑色的，尾巴尖上有白色，身体两侧是铁锈色。产于美洲西部的红眼雀翅膀上有白色的斑点。色彩单调的褐色红眼雀也是美洲西部常见的品种。此外，还有绿尾红眼雀也产于北美西部地区，头呈红褐色，羽毛呈灰色、白色和绿色。

▲ 数量已极为稀少的褐色红眼雀

模范夫妻——歌鸲

歌鸲，又叫歌鸫，属鸫科、鸫亚科，歌鸲属大部分种的统称。它们多生活在灌丛中，主要以昆虫、蠕虫等为食，有时也吃野果等。

歌鸲通常体形玲珑，如麻雀般大小，羽色艳丽，善于鸣叫，它们一年到头"唱"个不停，"歌声"高昂而婉转。其中有些种类因常在夜晚婉转鸣叫，故又被人们称作"夜莺"。美洲歌鸲便是很出名的一种，它主食蚯蚓、昆虫和浆果。查塔姆岛歌鸲等3种歌鸲因数量极少已被列入濒危物种。

歌鸲通常把窝筑在墙壁、河堤和树木的洞里。在繁殖季节一窝产5~6个白色蛋，而且小鸟孵化的速度是非常快的，通常情况下，由雌鸟孵化十三四天小鸟就会出世。在这期间，雌鸟和雄鸟非常恩爱，雄鸟有时还会给雌鸟喂食，照顾得非常细致，俨然是一对"模范夫妻"。

▼歌鸲有美丽的"衣裳"

尖牙利嘴的刀嘴凤冠雉

　　凤冠雉，也叫库拉索鸟，属鸡形目，凤冠雉科。凤冠雉产于美洲的热带地区，其中分布在墨西哥到厄瓜多尔的刀嘴凤冠雉最为有名。由于被大量捕杀，刀嘴凤冠雉已陷入濒危状态。

　　刀嘴凤冠雉的嘴巴非常像一把剪刀，它们也因此而得名。刀嘴凤冠雉的外形很漂亮，雄鸟羽毛光滑，呈黑色，腹部多为白色，鸟冠是卷曲的羽毛，喙上有色彩明亮的装饰。雌鸟体形较小，呈棕色，不像雄鸟那样有鲜艳的装饰。

　　刀嘴凤冠雉是一种喜欢群居的鸟，到了晚上，它们经常会聚集在一起，发出吵闹的叫声。

▲ 刀嘴凤冠雉的图画

敬业的"森林医生"——帝啄木鸟

帝啄木鸟，又称白嘴啄木鸟，产于墨西哥北部，属濒危动物。

帝啄木鸟是已知啄木鸟中体形最大的一种。它们的羽毛呈黑色，翅膀和颈部都有白色的斑点。雄鸟有红色的羽冠，喙白色，体长可达60厘米。

帝啄木鸟像其他的啄木鸟一样，大部分时间都在树上度过，它们整天不停地围着树干转，寻找树木里的昆虫。春天到来时，雄鸟会发出响亮的叫声，以申明自己的地盘，警告其他鸟不得侵犯。这些叫声往往因为树洞的共鸣而特别响亮，其他季节帝啄木鸟显得特别安静。帝啄木鸟喜欢孤独，或者成双成对地"旅行"。

当然，除了帝啄木鸟，世界上还有很多珍稀的啄木鸟种类，像分布在我国四川、云南、福建等地的白腹黑啄木鸟也是非常珍稀的，它们是国家二级保护动物。

▲帝啄木鸟

善于飞行的古巴钩嘴鸢

古巴钩嘴鸢属鸢科鹰属，是濒危动物。

从外形上看，古巴钩嘴鸢是一种体形较小的猛禽。它的头比较小，脸上有点秃，喙短而锋利，利于捕食，双翼狭长，尾巴分叉深。它们以昆虫为食，有时也吃动物的尸体，以及啮齿类动物和爬行类动物。

古巴钩嘴鸢善于飞行，天空就是它们的世界。它们悠闲地拍动双翅，姿势像燕鸥一样优美。

除了古巴钩嘴鸢，世界上还有很多珍稀的鸢属鸟类，比如分布在从印度到澳大利亚东北部地区的婆罗门鸢。婆罗门鸢身体呈栗红色，脸部白色，头部带黑纹，以食鱼类和垃圾为生。或许从这种鸟的名字就可以看出，这种鸟与印度教有一定的联系，因此被印度人看作圣鸟。

还有一种珍贵的鸢属鸟类为白尾黑翅鸢，产于阿根廷和美国的加利福尼亚州。据说它是美洲和澳洲猛禽类中数量在增加的鸟。它有灰色的羽毛、白色的头和尾巴，腹部和肩膀呈黑色。啮齿类动物是它的食物。在亚洲、非洲和澳大利亚的热带地区，也有黑翅鸢属的各种鸢栖息。

▶ 古巴钩嘴鸢

随季节"换帽子"的遗鸥

　　遗鸥是一种蹼足海鸟，属鸥科，体形大而粗壮。它们在海边寻找昆虫、软体动物、甲壳类动物、鱼类和船上抛下来的垃圾，以及在耕地里找蠕虫和各种幼虫为食。遗鸥的故乡是美洲，由于其数量稀少，已属濒危动物。

　　从外形上看，遗鸥的羽毛主要呈灰色或白色，尤其它头上的羽毛会随季节而变化色彩。繁殖季节是白色、黑色、灰色或者褐色，而到了冬季，会出现条纹或杂色。

　　在鸥科的众多种类中，除了遗鸥，还有很多珍贵的种类，有些种类的喙上有斑点。根据喙的颜色及翅膀的形状，可以区分不同种类的鸥：像分布在我国内蒙古、河北等地的小鸥属国家一级保护动物；分布在云南的黄嘴河燕鸥，北京、天津、新疆、广东等地的黑嘴瑞凤头燕鸥属国家二级保护动物。

▲觅食中的遗鸥

长相怪异的淘鱼能手——褐鹈鹕

　　褐鹈鹕，属鹈形目，鹈鹕科，鹈鹕属。它是世界上8种鹈鹕中体形较小的一种，生活在美国南部加勒比海沿岸到智利沿岸的广大地区，美国的佛罗里达沿岸地区是它们的"老家"。褐鹈鹕为珍稀动物，目前已经受到各方面的保护。

　　虽然褐鹈鹕在众多的鹈鹕中属于较小的品种，但是它们展开的翅膀也有两米多长。这么大的翅膀是其他鸟类难以企及的！虽然鹈鹕在陆地上行走时的样子"傻乎乎的"，但在空中飞行的时候非常潇洒。它们一般成小群飞行，旅途中经常拍动翅膀来协调行动。鹈鹕的雌雄成鸟外貌相似，雄性体形要大一些。

　　褐鹈鹕是两种潜水捕鱼的鹈鹕中的一种，它们的食物以鱼为主，大多靠潜水捕得。褐鹈鹕个个是捕鱼"高手"，取食时会伸展双翅从空中向下猛冲，在撞击水面的一刻翅膀向后伸。褐鹈鹕喜欢群居，一个

▲游泳时的褐鹈鹕，倒还有些天鹅的风范呢

褐鹈鹕群中大约有 1 400 只褐鹈鹕。褐鹈鹕的巢建在海岸的红树林边，筑巢产卵的褐鹈鹕都有自己的势力范围，雄性褐鹈鹕的大嘴所及之处就是它们家的范围。褐鹈鹕"夫妇"总是相亲相爱，雌鸟选择筑巢的位置，雄鸟叼来细树枝和长草，雌鸟用一周的时间整理树枝直到满意为止。

褐鹈鹕是一种很文静的海鸟，但是如果有谁胆敢侵入它们的领地，它们就会用长长的喙毫不留情地回击侵入者。

除了生活在美洲的褐鹈鹕，我国境内的一些鹈鹕品种也是很珍贵的，如分布于我国青海、新疆、河南、长江流域及其以南地区的斑嘴鹈鹕，就是国家二级保护动物。

▲我国的二级保护动物——斑嘴鹈鹕

害羞的鸟儿——红脸杜鹃

　　红脸杜鹃，属鹃形目、杜鹃科，在世界各地都有存在，特别是旧大陆的温带和热带地区。但由于生存环境的不断恶化，红脸杜鹃数量已极为稀少，属世界濒危动物。在斯里兰卡，红脸杜鹃深受人们的喜爱，它们的形象甚至被印在了邮票上。

　　红脸杜鹃是一种害羞的鸟儿，它们常栖息在森林和灌木丛中，往往是只闻其声，不见其形。红脸杜鹃外形小巧玲珑，身长与其他种类的杜鹃一样，约16厘米。羽毛色彩缤纷，胸腹部为白色，尾羽底部也为白色，背上和翅膀上通常会呈现亮丽的蓝色，脸颊部分为红色，这和它们害羞的本性很相称，也是它们名字的由来。红脸杜鹃的翅膀短，尾巴较长。尾巴羽毛的尖端还点缀着白色。它们的脚掌前后有双趾。喙粗壮结实，略向下弯曲。

▲生活在斯里兰卡的红脸杜鹃

被猎人追逐的"歌唱家"——花脸齿鹑

　　花脸齿鹑，属鸡形目、齿鹑科，是一类小型短尾巴的猎鸟。主要食物是种子、浆果，有时也吃一些树叶、草根和昆虫。花脸齿鹑产于墨西哥索诺拉州及其附近地区。

　　从外形上看，花脸齿鹑的样子像鹧鸪，但比鹧鸪小，也没有鹧鸪那么健壮。脸通常呈黑色和亮栗色。

　　花脸齿鹑喜欢栖息在辽阔的草原和灌木丛中。春天的时候，雌鸟产下大约 12 个蛋，雄鸟和雌鸟轮流孵化。小鸟出世以后，第一年夏天和父母生活在一起，之后就要独立生活了。花脸齿鹑还是森林里的"歌手"，它们的羽色算不上美丽，但它们有着美丽的"歌喉"，当它们鸣叫时，声音清亮而悠扬。

　　可惜的是，花脸齿鹑的数量已经越来越少了，这主要是由于它们的肉和蛋味道鲜美，因此成了猎人追逐的目标。现在，对花脸齿鹑的保护已经迫在眉睫，需要多方的共同努力。

▲温顺的花脸齿鹑

泥地里的"小坦克"——中美貘

中美貘，属奇蹄目、貘科，貘属动物。产于墨西哥至巴拿马一带，它们是奇蹄目在美洲唯一的代表，目前已被列入《濒危野生动植物种国际贸易公约》附录。

中美貘栖居于茂密的热带雨林中，是美洲体形最大的一种貘。它们前足 4 趾，后足 3 趾，是奇蹄类中仅有的前足 4 趾的动物。体长 200~250 厘米，肩高 120 厘米，尾长 6~12 厘米，体重超过 300 千克。它们的鼻部与上唇发育成厚而柔软的筒状吻，可以用来钩住树叶送入嘴内，中美貘的上唇比马来貘的短，但尾较长些，全身棕黑色，头和颊部的颜色较浅，唇边、耳尖、喉和胸部有白色斑块，这是中美貘独有的特征。

中美貘为林栖动物，通常单独生活，喜欢栖息在靠近水源、植被丰富的地方。它们白天休息，夜间出来觅食，以水生植物、树叶、细树枝、嫩芽与低矮植物上的果子等为食，有时也会损坏庄稼。它们喜欢在泥中跋涉、水中嬉戏；善于游泳和攀登，能快速地越过崎岖的道路；耐热性较强，但不喜欢阳光直晒。中美貘生性机警、胆怯，遇到危险时会逃到水中或冲入茂密的丛林里；嗅觉与听觉敏锐，但视觉差。中美貘没有固定的繁殖季节，但多在 5~6 月发情交配，孕期 13~13.5 个月，每胎产 1 崽。初生幼崽体重 7~9 千克，全身棕褐色，有白色斑点和条纹，数月后逐渐消失，哺乳期约 3 个月，4~5 岁达到性成熟，寿命 20~25 年。

如今，在北京动物园的貘馆中就能看到它们的身影，它们在饲养员的精心照料下，正健康地生活、繁衍着。

▲ 可爱的小中美貘

王权的象征——金雕

金雕，隼形目，鹰科，真雕属，是一种非常珍贵的猛禽。

从外形上看，金雕是非常威武的，头颈上通常有金色的羽毛，黑眼睛，黄色的蜡膜，灰色的喙。黄色的大脚，脚上长满羽毛，爪又大又强健。翼展可达 2.3 米，金雕的飞翔能力非常高超，广阔的天空就是它们的天地。金雕的飞行速度也很快，在追击猎物时，它的速度不亚于猛禽中的隼。正是因为这一点，分类学家最初将它们列为隼的一种。

从生活习性上看，金雕多单独或成对行动，冬季结小群活动，视觉敏锐，性凶猛，飞行速度快且持久。

金雕的威武是有目共睹的，也正是因为它们的威武，所以它们和人类的关系十分密切，比如古代巴比伦王国和罗马帝国都曾以金雕作为王权的象征。在我国忽必烈时代，强悍的蒙古猎人盛行驯养金雕捕狼。时至今日，金雕又成了科学家的助手，它们被驯养后用于捕捉狼

▲凶猛异常的金雕

▲金雕巢中的幼雕

崽，对深入研究狼的生态习性起到不小的作用。当然，在放飞前要套住它们的利爪，以保证狼崽不被抓死。据说，有只金雕曾捕获 14 只狼，它的凶悍程度可见一斑。

金雕的蛋白色、褐色的都有，雄雕和雌雕轮流孵化，经过 40 ~ 45 天，小雕即可出壳，3 个月以后开始长羽毛。雌、雄雕都尽职尽责，用尽自己的心血来哺育后代。

金雕是一种领地观念很强甚至可以说是很霸道的鸟类。它们将巢建在高处，如高大树木的顶部、悬崖峭壁背风的凸岩上，因为这些地方人和其他动物很难接近。一对金雕占据的领域非常大，有近百平方千米，对接近它们巢穴的任何动物，它们都会以利爪相向。

金雕的栖息地从北美洲的墨西哥中部开始，沿着太平洋沿岸地区向落基山脉分布，一直延伸到阿拉斯加北部和纽芬兰，也有少量沿阿巴拉契亚山脉向南方的北卡罗来纳州分布。由于金雕数量稀少，处濒危状态，美国联邦政府已颁布法律加以保护；墨西哥把金雕作为自己的国鸟，而金雕的近亲白头海雕则成为美国的象征。

自然界里的"清道夫"——美国埋葬虫

埋葬虫，又叫锤角甲虫，属于昆虫中最大的一个目——鞘翅目，埋葬虫科。埋葬虫的生活史经过卵—幼虫—蛹—成虫四个阶段，属于完全变态的昆虫。据美国鱼类和野生动物保护组织的调查，美国埋葬虫的数量在急剧减少，因此被列入濒危动物的名单中，并且人们正在采取各种保护措施以使其免于绝种。

埋葬虫看起来很不起眼，平均体长为 1.2 厘米，最长的也不超过 3.5 厘米，它们的体表有的呈黑色，有的呈明亮的橙色、黄色、红色，色彩鲜艳斑斓。

那么，人们为什么会给这种昆虫起这样一个名字呢？因为在全世界大约 175 种埋葬虫中，大部分都以食用动物死亡和腐烂的尸体为生，终生都要和动物的尸体打交道，把它们转化成在生态系统中更容易被

▲埋葬虫找到一份大餐

分解的物质。埋葬虫就像自然界里的清道夫，起着净化自然环境的作用。对人类来说，在野外亏得有这样的"清洁工"，否则动物尸体腐烂发臭，还可能传染疾病。

埋葬虫中有些住在像蜂房一样的巢穴里；有些，特别是那些没有眼睛的种类则住在洞穴里，以蝙蝠的粪便为食。这种昆虫之所以具有食尸的本领，主要归功于它极为灵敏的嗅

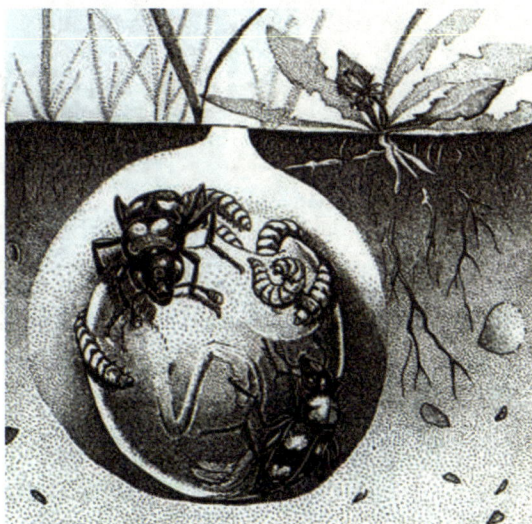

▲埋葬虫的巢穴

055

觉，这使它在很远处就能闻到动物尸体的气味。但它们从不吃腐尸，而是用它来喂养幼虫。埋葬虫经常把卵产在动物的尸体上，幼虫孵化出来以后，开始的两三天里靠父母反刍出来的褐色液体生活。

在美国，埋葬虫数量的减少已引起了人们的关注，虽然有的人会问：干吗去关心这些绝大多数人连见都没有见过的小虫？但是人类智者的回答是：地球上各种生物之间是一个相互联系的网，如果一种动物或植物消失了，就会波及其他生物，并最终会影响到我们人类的生活与生存。

命运多舛的美洲野牛

美洲野牛属原共有 6 种，但现存的只有 2 种野牛——美洲野牛和欧洲野牛。美洲野牛又名美洲水牛，是北美洲体形最大的哺乳动物，其体长 3～4 米，高大英武。它们像驼峰一样的肩部长满了长而蓬松的粗毛，头、颈和前身的毛比欧洲野牛更长更密，躯体更矮些，骨盆也更小些，后身没有欧洲野牛那么发达。总的看来，美洲野牛的躯体较欧洲野牛更粗壮些，四肢不如欧洲野牛的长。它们的嗅觉好而视觉差。春天时，长在身体后部及下部的柔软茸毛会脱落。

如果说美洲野牛健壮的身体看起来就已经很有震慑力，那么当美洲野牛大规模迁徙或是彼此斗争时的情景就更为壮观了。据说曾有约 6 000 万头美洲野牛游荡在格雷特辽阔的草原上，它们为寻找新鲜的草地而不断迁徙，始终沿着被称为"野牛踪迹"的固定路线行进，一眼看去浩浩荡荡，尘土飞扬，场面非常壮观。

▶ 美洲野牛

▲欧洲野牛

　　另外，成年美洲野牛争斗的情景也颇为激烈。它们通常只在繁殖季节为了争夺与雌性的交配权而发生冲突。它们常常以在尘土中打滚、继而晃动头部来摆开决斗架势。这时，通常有一头野牛会让步，否则，一场争斗就不可避免了。在争斗中它们会彼此以头猛撞，撞得一大堆毛发在空中飞扬。接着，它们又相互绕圈，再突然转身冲击，试图用角刺伤对手。

　　美洲野牛的寿命为18~22年，它们大都在7~9月份交配，翌年5~6月产崽，孕期274天左右。幼兽与母兽一起生活，直到它们发育成熟；野牛群体也会保护幼兽。

　　美洲野牛的命运可谓是几经波折。过去在北美有五六千万只美洲野牛遍布落基山以东的广大地区，主要生活在大平原地带。后来随着白人大量移民到美洲，它们的生活区域越来越小，并且遭到了人们的疯狂捕杀，曾一度濒临灭绝。幸亏后来许多有识之士大力倡导和宣传禁猎活动，并把残存的个体集中到几个保护区内才使其繁衍生息，例如，在美国的黄石国家公园里就能见到它们的身影。迄今为止，已有3万多只美洲野牛在半野生状态下生存。

离灭绝危险最近的鸟儿——婆欧里鸟

婆欧里鸟主要分布在夏威夷群岛中的第二大岛——毛伊岛的热带雨林中。婆欧里鸟在世界上的数量一直很少，自 20 世纪 70 年代中期开始，婆欧里鸟就已经成为珍稀的鸟类了，当时它们的数量有几百只。但到了 2004 年时，据专家统计，婆欧里鸟在全世界仅剩下 3 只——一雄两雌，它们成了离灭绝危险最近的鸟类。

婆欧里鸟外形靓丽，有着黑色的头、白色的脸颊和胸脯，尾巴上还有几条浅红褐色的斑纹。它们的身长只有 14 厘米左右，看起来小巧玲珑，大小基本上和蜂鸟差不多，它们的叫声听起来像滴水声。由于婆欧里鸟的个头小、速度快、行踪隐秘，又喜欢生活在地形陡峭险峻、植被浓密潮湿的热带雨林中，所以我们很难看到它们的踪迹。

婆欧里鸟一般生活在夏威夷自然保护区，海拔 1 370～1 980 米、年降水量近 9 000 毫米的丛林地带。婆欧里鸟最初是在 1973 年被夏威夷大学研究雨林生物的 3 名学生发现的。从当时发现的鸟类化石判断，

▶ 形色特殊的婆欧里鸟

这种鸟曾经分布广泛。由于外形和行为与其他鸟类差异很大，因此科学家将它们归为夏威夷蜜旋木雀家族下的一个新鸟种。

面对仅剩下 3 只婆欧里鸟的严峻局面，人们开展了积极的拯救工作。2004 年 9 月，美国研究人员宣布，已成功捕获了一只雌性婆欧里鸟，接下来就是要捕获尚存活的雄鸟，以完成"圈养繁殖计划"，拯救这种濒危的鸟类。

客观地说，拯救工作是非常艰难的。首先，当地的野猪、野山羊已经将婆欧里鸟赖以生存的自然环境破坏殆尽；其次，即使雄性的那只婆欧里鸟最终被抓住与雌鸟配对，也无法确保繁殖成功。因为这 3 只鸟至少 7 岁了，已超过鸟类最佳的繁殖年龄。如果最后的努力也宣告失败，婆欧里鸟将不得不与其他濒临灭绝的夏威夷鸟种一样，在不久的将来永远在地球上消失。

相关知识全接触

夏威夷群岛

夏威夷群岛位于太平洋中北部，由夏威夷岛、毛伊岛、瓦胡岛、考爱岛等火山岛和珊瑚岛组成，西北—东南延伸 2 400 多千米，面积 16 729 平方千米。仅 10 个大岛有居民，人口 117.9 万（1994 年），以亚洲移民后裔和波利尼西亚人为主。有热带海滨、火山奇观及独特的文化风情，是著名的度假、游览胜地。

脸似绵羊的驼羊

驼羊，属于骆驼科，是原产于南美洲的古老畜种。曾分布在南美的西部和南部，是南美土产四种骆驼形动物中最有名的一种，早在1 000多年前就被驯化，也是西半球人民驯化为驮兽的唯一一种动物。

驼羊有一个长颈鹿一样的直立的长颈，不会鸣叫，只能偶尔发出低沉的"吭吭"声。

在生活习性上，驼羊喜欢群居生活，一般5～10只组成一群。每个群都由一只壮年雄驼羊带领，群内的雌驼羊都非常忠于它，即使领头的雄驼羊受伤，雌驼羊也不离不弃。驼羊一般在8～9月交配，发情季节争夺配偶十分激烈，每个群中仅容1只成年雄驼羊存在。孕期10～11个月，幼崽出生后即可奔跑。雄性幼崽长大后将被赶出群体，另组成年轻的雄兽群，直到性成熟后再另外与雌兽组成新的群体。

由于驼羊和人们的日常生活有紧密的联系，因此产生了很多和驼

▲长着长长绒毛的驼羊

羊有关的风俗仪式。比如秘鲁的印加人中流行着一种神圣而独特的驼羊剪毛仪式，祈求驼羊世代繁衍生息，养育他们的子子孙孙。仪式举行时，牧羊人手握彩色的麻绳，围成人墙，将驼羊群驱赶到一个以石制祭坛为中心的羊圈里。当地的巫师从驼羊群中选出一对驼羊，将它们的耳朵割下，用其鲜血涂抹于脸颊，然后喝下血酒，同时咀嚼用来提神的古柯叶。礼毕才开始剪毛，并将剪下的第一缕毛永久保存起来。

▲毛乎乎的驼羊如此可爱

　　驼羊对于当地的印第安人来说可谓全身是宝：毛比羊毛长，光亮而富有弹性，可制成高级的毛织物；皮可制成革；肉味鲜美；甚至粪便晒干后也可作为燃料……正是这些原因，使当地人长期以来一直捕杀驼羊，特别是在 16 世纪中期西班牙人来到这里后，开始大规模地捕杀驼羊，给驼羊带来了灭顶之灾。到了 16 世纪后期，野生驼羊在人类的捕杀中全部灭绝了。目前，世界上的驼羊全部是 1 000 多年前被驯化的驼羊繁殖的后代。

害羞的夏威夷水鸡

夏威夷水鸡，属鹤形目，是秧鸡科的一种水鸟，属濒危动物。

从外形上看，夏威夷水鸡与静水鸭非常相近，唯一的区别在于夏威夷水鸡脚趾的边缘没有一层坚韧的膜。比较常见的水鸡有产于北美佛罗里达的普通水鸡，而产于澳大利亚的水鸡则属于另一种，它们的体长约33厘米，头部和腹部呈灰黑色，背部呈褐色，腰部还有一圈白色的羽毛。短喙呈明亮的红色，向前额延伸，像一块皮质的盾牌。

在生活习性上，夏威夷水鸡与其他水鸡一样，是一种看起来颇为害羞的水鸟，它们栖息在沼泽和湖边的芦苇丛中，非常胆小，一有风吹草动就会马上溜之大吉。

▲形态瘦小有趣的夏威夷水鸡

从交响乐中"游"出的鳟鱼

　　鳟鱼，属鲑形目、鲑科，它主要属于两个属：大马哈鱼属和红点鲑属。鳟鱼的种类不是很多，全世界只有 10 种左右。

　　由于身体的颜色和大小类似其他种类，鳟鱼成为最难分类的鱼类之一。加上人工饲养、杂交以及外来品种的引进，使得鳟鱼的分类更加复杂。有几种原先划分为斑鳟属的鳟鱼现在普遍认为应划归大马哈鱼属。褐鳟鱼是现在唯一划为斑鳟鱼属的鳟鱼，也是鳟鱼中的濒危动物。

　　人们了解鳟鱼是和一首著名的交响乐分不开的。1817 年夏天，年轻的作曲家舒伯特写下了《鳟鱼》这首快活且富戏剧性的名曲。两年后，他又取用这段欢快的旋律，作为 A 大调钢琴五重奏第四乐章变奏曲的主题，鳟鱼也凭借这首同名的曲子而被人们所知晓，可以说它是从交响乐中"游"出来的。

　　鳟鱼一般栖息在较凉的淡水中，尤其是湍急的溪流和较深的池塘里。鳟鱼原先主要产于北半球，现已被广泛地引进到世界各地适合于

珍贵的褐鳟鱼

它们生长的水域。它们的食物主要是昆虫、小鱼和它们的卵，以及甲壳类动物。

鳟鱼极为眷恋河里的生活，即使是那些栖息在海中的鳟鱼也会历经千难万险返回内河产卵。在春天和秋天，雌鱼在河底沙砾层中挖出洞来，然后把卵产在洞里。卵孵化的时间是2~3个月，刚孵出来的小鱼苗离开洞以后，依靠浮游生物为生。

由于鳟鱼是许多人理想中的垂钓和食用鱼，世界各地每年都大量捕

▲由于人们的过度捕捞，鳟鱼的数量正大为减少，图为垂钓者手中的金鳟鱼（上）、褐鳟鱼（下）

捞，因此全世界大多数野生山海鳟、山鳟等鳟鱼的数量都在锐减，陷入濒危状态。

"天空的霸主"——阿姆斯特丹信天翁

　　阿姆斯特丹信天翁是大型海鸟，属信天翁科，主要分布在阿姆斯特丹岛的南部地区。阿姆斯特丹信天翁不像其他的信天翁那样身体雪白，而是略带些褐色，由于其数量锐减，现在人们不得不采取人工养殖的方法对它们的生存和繁衍加以保护。人们通常会把它们养殖在开阔而湿软的地域。像所有的海鸟一样，这种信天翁的主要食物是鱿鱼，有时它们也跟随船只吃一些船上抛下来的食物。

　　信天翁是鸟类中寿命较长的，它们的平均寿命达到二三十年，而且配偶间彼此非常忠诚，一般会厮守终生。它们过着一种浪迹天涯、充满传奇色彩的生活。这种大型海鸟拥有着又长又窄的翅膀，借助它和开阔洋面上的强劲风力，就可以毫不费力地沿着暴风带的边缘做长途环球旅行。信天翁是最善于滑翔的鸟类之一，有风的时候一连几个钟头停留在高空，而那副又长又窄的翅膀居然可以一动也不动。所以，很多人都说，信天翁是真正的"天空的霸主"，当然，阿姆斯特丹信天翁也不例外。

　　阿姆斯特丹信天翁是富有冒险精神的鸟类，很少在陆地上活动，但是当它们要繁衍后代的时候，必须回到陆地上。每到繁殖的季节，它们都会成群结队地飞到遥远的海岛上去，在那里交配，然后雌鸟在光秃秃的地面上或是筑起的巢中产下一枚又大又白的蛋，蛋由雄鸟和雌鸟轮流孵化，

▲守护着雏鸟的阿姆斯特丹信天翁

▲在岛上的小阿姆斯特丹信天翁

大约一周之后，小阿姆斯特丹信天翁就出壳了。小家伙长得很慢，它们要在岛上生活大约 5 年的时间，所以为了给孩子带回点食物，信天翁要在茫茫大海上飞行数千千米，并要准确辨别方向，来回要花上几天时间。

虽然过去传说捕杀信天翁会带来厄运，但还是有不少海员用诱饵来捕捉它们。现在阿姆斯特丹信天翁几乎面临绝灭的危险境地。如果不加以保护，或许这种美丽的大鸟就真的要从地球上消失了。

在我国的澎湖列岛及台湾附近岛屿，也有一种珍贵的信天翁，即短尾信天翁，属我国一级保护动物，也濒临灭绝。

身穿"礼服"的长尾雉

　　长尾雉,属鸟纲、雉科,长尾雉属的各种鸟的通称。长尾雉是我国的特产鸟,共有4种,其中较常见的为白冠长尾雉,终年留居在中国中部及北部山区,属国家二级保护动物。其他3种长尾雉为白颈长尾雉、黑颈长尾雉和黑长尾雉,由于数量极少,已被列为国家一级保护动物。

　　长尾雉是一种非常漂亮的禽类。通常,雄鸟头顶呈褐绿色,两侧有白色眉纹;上体背羽紫栗色具黑斑;肩羽具宽阔的白色斑块;下背、腰、尾上覆羽白色具蓝黑色斑;翅羽暗褐色;尾长,尾羽灰色具有黑栗二色并列的横斑;下体腹部与两肋栗色;嘴角黄色;脚黄灰色。雌鸟则体羽呈棕褐色,满布黑色斑纹;上背有白色矢状斑;外侧尾羽大都栗色。

　　长尾雉多栖息于海拔500~1000米多岩山坡上的开阔草地、疏林内。3~4月多见一雄二雌结群活动,并开始筑巢产卵,巢筑于地面,

▲身穿"礼服"的黑长尾雉

▲美丽的白冠长尾雉

每窝产卵多为 7~9 枚，浅肉色或略带枯叶色，光滑、无斑点。孵卵期约 28 天，由雌鸟单独孵化。

长尾雉的得名与它们长长的尾巴是分不开的。那么，这长长的尾巴对它们的生活是否有重要作用呢？原来，长尾雉性情胆小机警，一遇危险情况会立即急速飞逃。由于尾羽很长，它们起飞时一般先向上飞，待超过树冠后，再以高速向前直飞很长一段距离。长尾雉还有一套在快速飞行中骤然停止的本领，当它由一棵树飞向另一棵树并准备降落时，它可以利用长尾控制，把身体向后一转，使扩张的两翅和尾巴"抵"住空气，一下子平平稳稳地落在树枝上，像一个高超的"杂技演员"。

在中国，长尾雉的尾巴被广泛地应用到了艺术舞台上。在京剧古装戏中，扮演周瑜、吕布、穆桂英等古代将帅的演员，头盔上都配戴有一对长长的羽毛，它增添了元帅或大将的威武风度，使观众感到赏心悦目。这对长羽称作"雉鸡翎"，是雄性长尾雉的尾羽。

长尾雉的尾巴还有一个妙用，就是可以吸引异性的注意。人们不禁要问，既然尾羽越长越有利于求偶繁殖，雄雉的尾长为什么不继续加长呢？从进化论的角度看，过长的尾羽反而不利于生存，这是因为尾羽的长短不仅与求偶繁殖有关，它还受到诸如飞行是否便利、是否容易被天敌发现等各种因素的制约。

"绯闻"多多的大鸨

　　大鸨，又名地鵏、老鸨，属鹤形目、鸨科，是我国一级保护鸟类，国际鸟类保护委员会已将其列入世界濒危鸟类红皮书。

　　大鸨的雌雄体形相差十分悬殊，是现生鸟类中差别最大的种类。雄鸟体长为 75~105 厘米，翼展超过 2 米，体重为 10~15 千克，下颌的两侧还生有细长而凸出的白色羽簇，状如胡须。雌鸟体形较小，体长不足 50 厘米，体重不到 4 千克，没有胡须状物。大鸨通常成群活动，虽看似笨拙，却十分机警，昂首观察周围动静，以防敌袭。大鸨的鸣管已退化，因此不能鸣叫。其食性较杂，主要以植物的嫩叶、种子、蛙、昆虫及其他小动物等为食。

　　大鸨虽是一种鸟类，但它或许是鸟类中"绯闻"最多的一种，在民间有这样的说法：雌大鸨没有自己固定的伴侣，行为放荡，是一种能和任何其他雄鸟都成亲的"万鸟之妻"。《国语》中说："鸨，纯雌无雄，与它鸟合。"就连李时珍在《本草纲目》中也说："闽语曰鸨无舌，……或云纯雌无雄，与它鸟合。"所以后世逐渐称妓女曰"鸨儿"，妓女之养母曰"鸨母"。不过，估计大鸨也不会

▲大鸨的爱情

▲ 求偶中的漂亮雄鸨

想到由于自己的一些天然习性而会被人类冠以"风流"的名声。

由于大鸨的体形大，肉和羽毛具有极高的经济价值，过去一直是狩猎对象，这导致其种群数量急剧下降，在一些国家或地区已经绝迹或成为濒危物种。

为了挽救大鸨，人类正在积极改善它们的生存环境：国际鸟盟于1997年在喀什发起"亚洲大鸨保护行动计划"；第一届"大鸨保护国际研讨会"于同年9月12—15日在俄罗斯联邦赤塔州达乌尔斯克国际生物圈保护区举行；中国也已建立了数百处濒危动物自然保护区，大鸨数量得到明显增加。

"身揣香包"的大灵猫

大灵猫别名九节狸、灵狸、麝香猫，属于食肉目、灵猫科。

大灵猫是灵猫科中体形较大的一种，最长可达 1 米左右，体重 6~10 千克。它体形细长，四肢较短，尾长超过体长的一半。头略尖，耳小，额部较宽阔，沿背脊有一条黑色鬃毛。体色棕灰，杂以黑褐色斑纹，颈侧及喉部有 3 条波状黑色领纹，间夹白色宽纹，四足为黑褐色。尾上还有 5~6 条黑白相间的色环。

大灵猫生性机警，听觉和嗅觉都很灵敏，善于攀登树木，也善于游泳，为了捕获猎物经常涉入水中。它是一种杂食性的动物，主要以昆虫、鱼、蛙、蟹、蛇、鸟、鸟卵、蚯蚓以及鼠类等小型哺乳动物为食，也吃植物的根、茎、果实等，有时还会潜入田间和村庄，偷吃庄稼及家鸡等。捕猎时多采用伏击的方式，有时将身体没入两足之间，像蛇一样爬过草丛，悄悄地接近猎物。

雌雄两性会阴部具有发达的囊状腺体，其分泌物就是著名的"灵

▲ 野外的大灵猫

▲大灵猫标本

猫香"。灵猫香是一种乳白色黏液，离体后不久转变成深褐色。每当大灵猫外出活动时，常把香膏涂擦在它活动领域内的灌木枝、树干、突兀的石壁上，起到与其他灵猫进行联系和彼此传递信息的作用。

香膏的分泌量在两性中的差异是非常显著的，雄性要比雌性多 3 倍左右。从大灵猫香囊中刮出的香膏呈奶油状或像没有颜色的菜油，是香料工业上的一种定香剂，在调配高级香精过程中作为必不可少的动物香料而被广泛使用。

大灵猫生性孤独，喜夜行，主要栖息于海拔 2 100 米以下的丘陵、山地等地带的热带雨林、亚热带常绿阔叶林的林缘灌木丛、草丛中。平时营独栖生活，喜欢居住在岩穴、土洞或树洞中，昼伏夜出。活动时喜欢沿着窄小道路或田埂上行走，除了意外情况，大多数仍然按照原来的路线返回洞穴，这种特殊的定向本领，正是靠它的囊状香腺分泌出的灵猫香来指引的。

大灵猫曾在世界范围内广有分布，但人们对灵猫香及其毛皮的占有欲望，使它们不断被猎杀，如今已颇为罕见，在我国已被列为国家二级保护动物。

又懒又臭的戴胜

戴胜，俗称"山和尚""呼呼哼"等，属鸟纲、戴胜科，在中国的绝大部分地区都有分布。

从外形上看，戴胜的体长约为 30 厘米，具长而尖的耸立型棕栗色丝状冠羽。头、上背、肩及下体浅棕，两翼及尾具黑白或棕白相间的条纹。喙长且下弯，虹膜褐色，嘴、脚黑色。鸣叫时上下点头，繁殖季节雄鸟偶尔会有银铃般悦耳的叫声。

戴胜能适应多种环境，在山地、平原、林区、草地、农田、村边、果园甚至石滩均能生存。

戴胜的性情活泼，喜欢开阔潮湿地。当它鸣叫或受到惊吓时，羽冠会高高竖起再慢慢落下，非常有趣。

戴胜主要觅食地面上的各种昆虫、蠕虫和幼虫，以半翅目、鞘翅目、鳞翅目类昆虫为主，所食害虫有金针虫、天牛幼虫、蝼蛄、黏虫等森林害虫。因此，戴胜是林业、农业益鸟，对其加以保护是非常必要的。

▲戴胜头部夸张的羽冠非常有特色

戴胜主要以昆虫为食，在树洞和墙窟窿中筑巢

戴胜的繁殖期在每年5~6月，营巢于树洞中或在岩隙、岸堤、柴堆下面及断瓦颓垣的窟窿里，巢主要由杂草、树叶等构成，杂以枝、根、羽、兽毛及其他杂屑等。每窝产卵5~9枚，椭圆形，乳白略沾灰或绿色。

羽毛漂亮的戴胜却懒得出奇，不爱清理雏鸟的粪便，因而巢内常是脏物堆积、臭气四溢，加之其尾脂腺能分泌一种恶臭的油液，所以又有"臭姑鸹"之名。

由于戴胜时常出没在人迹罕至的荒野和墓地附近，以它那长而弯曲的嘴掘取地面或是腐朽棺木中的昆虫，不明就里的人还以为它们以坟墓中的尸体为食，所以在一些人的眼中，戴胜是一种不吉祥的鸟类。

▲戴胜美丽的外表

最美丽的灵长类动物——金丝猴

　　金丝猴，在动物分类学上属灵长目、疣猴亚科、仰鼻猴属，可分为五种：川金丝猴、滇金丝猴、黔金丝猴、缅甸金丝猴和越南金丝猴。金丝猴主要吃嫩枝、幼芽、鲜叶、竹叶和各种水果。这些美丽的金丝猴身价非同一般，除越南金丝猴和缅甸金丝猴外它们与大熊猫齐名，被认为是中国最著名的珍贵动物，在国家公布的一级保护动物中名列前茅。

　　从外表上看，浑身金黄色绒毛的金丝猴非常漂亮。它们的体长53～77厘米，尾巴与体长差不多。喜欢栖息在林木茂盛的高山上，主要在树上嬉戏、活动、摘取食物。如果下地活动，长尾巴就有点碍事了，它们就把长尾巴搭在肩上，这样行动就比较自由了。它们金黄而略带灰色的毛既厚又长，蓝色脸庞上的鼻孔向上翘，嘴唇显得宽厚，因而又名"仰鼻猴"。金丝猴头顶的毛深灰褐色，颈、颊侧及腹部红黄至黄褐色，尾灰白色。雄猴体大，身强力壮，毛色鲜亮；雌猴较小，毛色略浅。

　　金丝猴一般栖息于海拔1 400～3 000米或更高的阔叶林和针阔叶混交林带，营树而居，主要活动在高大乔木树冠的顶层，它们爬树灵活敏捷，跳跃能力强。

　　金丝猴常以家族方式结群生活，几十只结群活动，雌雄

▲毛色如金的川金丝猴母子

▶滇金丝猴

老幼一起，由雄中的长者带队，最大的群体可达 600 余只。在灵长类动物中，如此庞大的群体在今天亦属罕见。金丝猴家族的内部等级森严，分工严密。它们有彼此界定的领地。猴群通常由一只身体健壮魁梧、经验丰富、智勇双全的猴王统帅。每到一处，猴王便指派若干只机敏的哨猴负责警戒放哨，在森林边缘和接近人烟的地方，还派双岗或三四个岗哨。一有动静哨猴即报信号，猴群皆闻，立刻停止喧闹，静观事态变化，等候猴王的命令。

从生殖上看，母猴怀胎五六个月后，多数仅产 1 崽。母金丝猴对小金丝猴的疼爱是非常感人的，它们无微不至地关心和疼爱自己的孩子，尤其在哺乳期，母猴总是把小猴紧紧抱在胸前，或是抓住小猴的尾巴，根本不让它离开自己半步。在这期间，朝夕相处的丈夫尽管向"夫人"献尽了殷勤——又是理毛，又是捡痂皮，但是也无法摸一摸自己的宝宝，更别提抱抱小猴亲热一番了。母金丝猴总是抱着小猴，背朝着自己的丈夫，丝毫不给丈夫爱抚子女的机会。

此外，金丝猴的智商也很高，尤其表现在金丝猴的记忆力特别好。动物园里曾经发生过这样一件事：一只猴王脾气很坏，抓、咬饲养员。饲养员很生气，有一次惩罚了猴王并打了它的屁股。后来饲养员调到其他单位工作去了，事隔半年，他回来看望金丝猴，猴王在众人中一下子认出了他，为了报仇急忙寻找土块作为"武器"，朝那位饲养员头上扔去，弄得饲养员哭笑不得。

▲黔金丝猴

金丝猴不但聪明，而且彼此之间还很有温情呢！它们常互相帮助捉虱子、挠痒痒，天气冷的时候，它们就挤在一起互相取暖。金丝猴对年迈多病的老猴也很照顾，晚辈绝不会因为长辈衰老、不能自食其力而嫌弃它。每当有老猴病危躺下时，其他猴子便围在老猴身边，周到地进行照料，而且个个都愁眉苦脸，常常泪眼汪汪显得非常悲伤。猴群转移时，常常可以看到许多金丝猴连背带抬地带着老猴搬到新栖息地的感人场面。

目前，人们在金丝猴集中分布的主要栖息地，已分别建立了一批自然保护区，用以保护这些和人类有渊源的伙伴。

相关知识全接触
三种金丝猴简介

川金丝猴也叫"兰面猴""仰鼻猴"，主要分布于四川西部和北部、甘肃南部、秦岭和神农架地区。它们面孔呈蓝色，鼻孔上仰，有古人担心这种特殊的构造在下雨时雨水会落入鼻孔从而灌进肚子里去，所以有的古书记载金丝猴的尾巴分叉，下雨时用两个尾巴尖堵住朝天的鼻孔。其实，在陆生哺乳类中并没有尾巴分叉的动物，这种说法仅是人类想象之误。川金丝猴毛色金黄柔软，最长可达10厘米，在阳光下耀眼夺目，非常漂亮。

滇金丝猴又叫"黑金丝猴"或"黑仰鼻猴"，主要产于云南西部。它的体背、体侧、四肢外侧、足和尾呈黑色。其幼猴全身为白色，随年龄增长才能逐渐变成父母的体色。

黔金丝猴分布于贵州梵净山区，其数量十分稀少。目前国内外动物园均未饲养展出过，所以绝大多数人不能见到。黔金丝猴身上没有"金色"，体毛主要是灰褐色，身上有许多白斑，当地人又称之为"花猴"；因尾巴又黑又细，像牛尾巴，所以又称"牛尾猴"。黔金丝猴是金丝猴中最珍贵的一种。据目前调查所知，黔金丝猴尚存数百只，已濒临灭绝。

乖巧活泼的短尾猫

短尾猫也叫美洲山猫、赤猞猁，分布于加拿大南部、美国本土、墨西哥中部一直到北回归线的广大地区。其栖息地不高于海拔 3 600 米，在半沙漠戈壁、落叶阔叶林带、松柏林带、沼泽甚至人类的居住区都有分布。各个地区的短尾猫分布密度有所不同，在佛罗里达，每 100 平方千米有多达 500 只短尾猫，而在北方，比如明尼苏达每 100 平方千米只有 4~5 只，这取决于各地食物的多寡。

短尾猫和猞猁有比较近的亲缘关系，外貌略似猞猁，在过去它们曾经被认为和猞猁、狞猫同种。短尾猫的体形较加拿大猞猁小一些，尾部也略有不同。加拿大猞猁尾端为黑色，而短尾猫为白色。短尾猫虽然体形小于加拿大猞猁，但可能比它更凶猛，很难被驯服。短尾猫足部也不如猞猁宽大和多毛，耳朵比猞猁小。

短尾猫体色为红灰色或棕色，白色种短尾猫已经被发现，黑色种短尾猫目前只见于佛罗里达地区。和大多数猫科动物一样，它们耳朵

▲看看"我"的短尾巴

背面也有一块白色斑点。短尾猫尾巴很短，因此得名。不过随着地域分布的差异，不同地区的短尾猫毛色体形都略有差别，总的来说大陆北部的短尾猫，体形较大，颜色较浅，而南部的短尾猫毛色渐深，体形略小。

短尾猫吃兔子、啮齿动物等小型哺乳动物，也吃鸟类、鹿、蛋、鱼、蛙类、蜥蜴、蛇等它们能抓住的一切能动的东西。在食物缺乏的时候，短尾猫也捕捉家禽。短尾猫不会像加拿大猞猁那样，数量随着野兔的多寡而波动，因为它们的食物来源更为广泛。

▲ 短尾猫眼睛蓝得不可思议

北方地区的短尾猫在每年的 2~6 月交配，南方地区的则一年四季都能交配。雌性的发情期一般 5~10 天，交配期持续 44 天，孕期 8 周左右，每胎产 3~4 只崽。初生的幼崽体重 280~340 克，9 天后睁开眼睛。雌雄共同养育，5 周后离巢冒险，12 周断奶，5 个月以后可以开始帮助母亲一起打猎，9 个月大就可以独立并离开原先的领地。雄性 24 个月、雌性 12 个月性成熟，野生寿命 13 年左右，圈养的可活到 33 岁左右。

短尾猫也是独居动物，雄性领地 2~200 平方千米，并包括多只雌性的领地，雌性一般 1~60 平方千米。雌性的领地不互相重叠，雄性用尿液和粪便来标示出属于自己的每一寸领地。它们在夜晚比较活跃，是夜行性动物。

短尾猫在自然条件中受到体形更大的猫科动物的伤害，比如美洲虎、美洲狮和加拿大猞猁。另外，人类为了获得短尾猫的皮毛，疯狂对其进行猎杀，使得其数量锐减。目前，短尾猫已被列入《濒危野生动植物种贸易公约》附录，禁止对其任意捕杀和进行国际贸易。

鹰中之虎——菲律宾鹰

　　菲律宾鹰是菲律宾的国鸟，被人们赞为世界上"最高贵的飞翔者"，有"鹰中之虎"的美誉，主要猎食各种树栖动物，如猫猴、蝙蝠、蛇、蜥蜴、犀鸟、灵猫、猕猴、野兔及田鼠等。在啄食猴子时十分凶残，故有"食猿雕""食猴鹰"之称，但这种珍稀鸟类已经濒临灭绝。

　　世界食肉鸟类中心发布的结果称，菲律宾鹰是目前所有大型森林鹰类中最为珍稀的一种。它体态强健，体长近 1 米，体重达 4 千克以上，翼展长达 3 米。另外，值得一提的是，据动物学家观察，菲律宾鹰一生只有一个伴侣，任何变故都无法动摇它对爱情的忠贞。

　　但是令人遗憾的是，由于人类的肆意捕杀以及过度开垦土地造成森林急剧减少，这种曾遍布于菲律宾丛林中的食肉动物如今已濒临灭绝。除了艰难的生存环境，菲律宾鹰异常孤独的性情也为它们的生存繁衍带来了不小的麻烦，使得它们的家族日渐衰落。

▲帅气威猛的菲律宾国鸟——菲律宾鹰

▲ 菲律宾鹰帅气侧影

　　为了保护菲律宾鹰，增加它们的繁殖量，菲律宾政府已经做出了一定的努力。1983 年颁布法令，严禁射猎此鹰，违者罚以巨款，并处以 1~5 年有期徒刑。由此，一些科研人员和志愿者自发成立了"菲律宾鹰中心"，人工饲养菲律宾鹰，帮助它们繁殖，最终将这些人工环境中长大的鹰放飞到大自然。"菲律宾鹰中心"研究人员数十年来一直致力于人工繁殖。2004 年 4 月，研究人员将一只名叫"卡巴延"的 17 个月大的鹰放飞，其成为从该中心飞出去的第一只人工培育的菲律宾鹰。

中国国宝大熊猫

　　大熊猫是中国的国宝，更是世界上最珍贵的动物之一，被誉为动物界的"遗老"和最珍贵的"活化石"。它们主要分布于四川西北的深山密林里。此外，陕西、甘肃的个别崇山峻岭中也有零星分布。据专家估算，所有这些地方栖息的大熊猫，总数也只有 1 000 只左右。正是由于大熊猫极其珍贵，所以世界野生动物基金会在 1961 年就选定大熊猫作为该会的会徽。大熊猫独产于我国，在世界上除了我国有野生大熊猫，只有少数几个国家的大型动物园里饲养着一两只，而这些被珍养在动物园中的大熊猫还都是我国"熊猫外交"的"大熊猫访问团"。

◀ 惹人喜爱的大熊猫

▶ 熊猫喝水

大熊猫是一种非常古老的动物，有300万年的历史！它曾经在地球上分布很广，和凶猛的剑齿象是同时代的动物。后来，由于地球环境的恶化，气候越来越冷，进入了第四纪冰川时期，许多动植物都困冻饿而死，唯有大熊猫等极少数生物躲进了食物充足、能够避风而又与外界隔绝的高山深谷中，顽强地活了下来。几百万年来许多动物都在不断地进化，与原始模样相比早已面目全非，而大熊猫却保持了它的本来面貌。

大熊猫虽然珍贵，但是人们发现它却不是很久远的事情，而且发现大熊猫的过程中还有一段鲜为人知的故事。1869

▲正在玩耍的大熊猫

083

年，法国的一位传教士戴维来到中国。这年3月，他在四川省宝兴县的一户农民家里看到一张兽皮，这张兽皮只有黑白两色，戴维对此大感意外。10余天后，这位农民又捕回一只动物，这只动物的皮与那张皮完全一样，除了四脚、耳朵、眼圈周围是黑色，其他部位的毛色都是白色。戴维就确认它是熊属中的一个新种。从此，匿居荒野的熊猫进入人类文明的视野。

大熊猫憨态可掬，但实际上，大熊猫性情孤独，不喜群居，独来独往是它的生活习性之一。即便是雌性大熊猫在产崽后，对幼崽也只带在身边生活一年左右的时间，母子也就不再结伴而居了。只有在繁殖期到来时，它们才会去寻找异性伙伴。然而，大熊猫发情期极短，一只成年大熊猫每年也就几天的时间。雄性、雌性大熊猫发情期不尽相同，而它的择偶性又很强，从不随意结交异性伙伴。此外，雌性大熊猫每胎只产1~2只崽，而它又只具备喂养1只幼崽的能力，这些因素综合在一起就使大熊猫变得极为稀有。

　　大熊猫以食竹为主，竹笋、竹叶、竹竿都来者不拒，而且食量惊人，一只大熊猫每天要吃掉 20 ~ 30 千克竹子。但你可不要误认为它是"素食主义"者，它也食肉，像鼠、羊、猪甚至猪羊的骨头都是它的美味佳肴。大熊猫吃得多，一只大熊猫每天要用 12 个小时以上的时间忙于进食，有时长达 16 个小时，但可惜的是吸收得并不多，原因是它的消化力差，肠道也比较短，更不像牛羊等食草动物那样有复胃，因此大熊猫吃下的食物很快就通过消化道排出体外了，为了维持生存，它只能不停地吃。由于竹子是大熊猫最好的美味佳肴，所以这种相对来说较为单一的食物习惯也使得它们的生存能力降低。比如 1975—1976 年，在四川北部地区和甘肃南部一些地区发生了大面积的竹林开花枯萎现象，以食竹为生的大熊猫由于无竹可食，被饿死了 130 多只。

　　大熊猫刚刚生下来的幼崽并不大，其体重仅 70 ~ 180 克，但它的生长速度很快，到一个月时体重能达到 1 500 克，半年时则可达 14 千克左右，而到 1 岁时，重达 35 千克左右。

　　大熊猫以其稀有而珍贵，并且样子可爱而受到了人们的喜爱，同时也获得过不少无可比拟的殊荣：在 1990 年举行的亚运会上，大熊猫被定为大会的吉祥物；1984 年，第 23 届奥运会在洛杉矶举行，为了给大会增添隆重、热烈的气氛，洛杉矶市政府特地向我国借了一对大熊猫，该市动物园更因此比往年多接待了 100 多万参观者，而参观者大多要排队等上 4 个小时左右，才能与大熊猫见面 3 分钟；1978 年，我国赠送给日本的大熊猫"兰兰"不幸病故，1 亿多人口的日本国竟有 3 000 万人为大熊猫致哀，日本首相也在哀悼者的行列。世界人民这样珍视大熊猫，作为大熊猫故乡人民的中国人，更应当爱惜保护这种特有的国宝。

憨态可掬的小熊猫

小熊猫，脊椎动物，属哺乳纲、食肉目、小熊猫科。以根茎、箭竹茎叶、竹笋、嫩叶、果实为食，也吃小鸟和鸟卵。小熊猫仅分布于喜马拉雅山脉和横断山脉。在我国，小熊猫见于西藏东部、云南、贵州、四川、青海、陕西和甘肃；在国外，主要分布于尼泊尔、锡金、缅甸和印度北部等。由于人类活动范围迅速扩大，目前它们的分布范围已大面积退缩，种群数量已大为减少，成为珍稀动物之一，被我国列为国家二级保护动物。

小熊猫相当可爱，它外形肥壮似熊，头部圆而较宽似猫，四肢粗短，尾粗大，上有9个白褐相间的环纹，故也被称为"九节狼"。小熊猫的面部有白色斑点，两颊的毛为黑色，耳边白色，鼻子黑色，背毛红褐色，腹部和四肢黑褐。其体重约9千克，脚掌多毛，善于攀登。和身躯庞大、动作迟缓的大熊猫相比，小熊猫动作轻盈，显得小巧精灵，但从生理解剖学上看，小熊猫跟熊几乎算得上是表兄弟，而与大熊猫的亲缘关系却比较远。

小熊猫生活于海拔1 600~3 000米的高山上，是一种喜湿润而又比较耐高寒的森林动物。它很善于爬树，多在树上活动。小熊猫多在春季发情，夏季产崽，

▲在树上的小熊猫

▲一对害羞的小熊猫

每胎 1～3 崽。幼兽刚出生时，长满绒毛，闭着眼，体重与大熊猫的幼崽相似，为 100～150 克，尾巴较之显长。它们在 21～30 天才睁眼，前后肢也开始能缓慢移动。母兽哺乳幼崽约一年，会在次年临产前将幼崽驱走。

鉴于小熊猫的自然种群日趋减少，为了减少野外捕捉，近些年来一些动物园先后建立了繁殖种群和谱系。过去 10 年间世界许多国家建立了区域性管理。中国也开展了自己的小熊猫管理计划，并参与了全球性管理计划。如今，人们对小熊猫的保护已经取得了令人满意的进展。

王中之王——东北虎

东北虎，脊椎动物，属哺乳纲、食肉目、猫科，又称西伯利亚虎、阿穆尔虎，起源于亚洲东北部，即俄罗斯西伯利亚地区、朝鲜和我国东北地区。与其他 7 个亚种虎比较，东北虎身长体重，强悍凶猛。它有着 300 万年进化史，堪称猫科动物进化的典范。据国际动物园年鉴报道，现全世界人工饲养的东北虎总数仅 800 余只，世界野生动物基金会已将东北虎列入世界濒危动物名单。

东北虎是一种大型捕食性猛兽，它是现存最大的猫科动物，其肩高 1 米，甚至在 1 米以上，身长 2.8 米左右，尾长约 1 米，体重可达 350 千克，跳跃高度达 2 米。东北虎也是现存虎类中体色最美的一种，具有很高观赏价值。其体色夏毛棕黄色，冬毛淡黄色；背部和体侧具有多条横列黑色窄条纹，通常 2 条靠近呈柳叶状；头大而圆，前额上的数条黑色横纹中间常被串通，极似"王"字，故有"兽中之王"的美称；耳短圆，背面黑色，中央带有 1 块白斑；尾上约有 10 条黑环纹，尾末的端毛黑色。它会游泳，但不会爬树。东北虎的寿命一般为 28 年左右。

▲名副其实的百兽之王——东北虎

▼草地上孤独的奔跑者

东北虎的身体厚实而完美，背部和前肢上的强健肌肉在运动中起伏跳动，脚上的肉垫也很厚，这使得它巨大的四肢推动向前时几乎悄无声息，在安静和稳定中蕴藏着足以将对手一击毙命的巨大爆发力。它的爪极为锐利，并能伸缩自如，掌击的力量很大，常能一掌拍碎鹿等动物的头盖骨。

东北虎主要分布在我国东北的小兴安岭和长白山区，是典型的林栖动物，一般住在 600~1 300 米的高山针叶林地带或草丛中，主要靠捕捉野猪、黑鹿和狍子为生。它白天常在树林里睡大觉，喜欢在傍晚或黎明前外出觅食，活动范围可达 60 平方千米以上，其行走能力很强，一昼夜能走 80~90 千米。

东北虎性情机警内向，孤独而凶猛，一年大部分时间都是四处游荡，独来独往，没有固定住所，一般人很难亲眼目睹野生的东北虎。只是到了每年冬末春初的发情期，雄虎才筑巢，迎接雌虎。不久，雄虎多半会不辞而别，把产崽、哺乳、养育的任务全部推给雌虎。

雌虎的孕期约 3 个月，多在春夏之交或夏季产崽，每胎产 2~4 崽。雌虎生育之后，性情更加凶残警觉。它出去觅食时，总是小心谨慎地先把虎崽藏好，防止被人发现。回窝时往往不走原路，而是沿着山岩溜回来，不留一点儿痕迹。1~2 年后，小虎就能独立活动。

常言道，"谈虎色变""望虎生畏"。在人们的心目中，老虎一直是危险而可怕的动物。然而，在正常情况下东北虎一般不轻易伤害人畜，反而是捕捉破坏森林的野猪、狍子的神猎手，而且还是恶狼的死对头。为了争夺食物，东北虎总是把狼赶出自己的活动地带。人们赞誉东北虎是"森林的保护者"。

东北虎并非一直都很稀少，历史上东北虎的数量曾经很多。据资料显示，清代的时候，东北虎的数量还相当多，当时小兴安岭的大部分地区属于呼兰城所辖，因此有史料记载："呼兰多虎。虎过，父子、兄弟不相让。独杀之以献幕府。"但 1967 年以后，小兴安岭便再也没有关于东北虎存活的记录，20 世纪 80 年代，东北虎在小兴安岭及朝鲜半岛几乎绝迹；20 世纪 90 年代以来，在长白山区也基本销声匿迹。

人类对东北虎的生存环境的破坏，是导致东北虎数量锐减的最主要的原因。人类大面积砍伐森林和捕杀食草动物，使处于生态链顶端的东北虎的食物被剥夺。此外，人类为取虎骨、虎皮的贪欲而导致的滥捕滥杀的行为，是造成东北虎数量剧减的另一个直接原因。

面对这种情况，我国政府分别在 20 世纪 70 年代和 20 世纪 80 年代，为保护东北虎建立了长白山自然综合保护区和黑龙江省七星砬子东北虎保护区，从而进行栖息地的保护，并在各地动物园进行异地保护。

▲东北虎还是"游泳能手"呢

"抗寒勇士"——白唇鹿

　　白唇鹿，偶蹄目，鹿科，鹿属，别名岩鹿、白鼻鹿、黄鹿，主要采食禾本科、蓼科、景天科植物，也吃多种树叶，有食盐的习性。主要分布在我国的青海、甘肃及四川西部、西藏东部地区。白唇鹿是我国特有的珍贵动物，已被列为国家一级保护动物。

　　白唇鹿体态优雅，体形大小与水鹿、马鹿相似，体长约2米，肩高约1.3米，耳长而尖。雄鹿具角，角大，4个或5个分叉，眉枝与次枝相距远，次枝长，主枝略侧扁，因此又被称为"扁角鹿"。白唇鹿通体呈暗褐色（冬季）或棕黄色（夏季），臀斑淡棕色。由于白唇鹿唇的周围和下颌均为白色，故名"白唇鹿"。其头骨泪窝大而深，蹄较宽大。

　　白唇鹿主要栖息在海拔3 500～5 000米的高寒灌丛或草原上，它是一种生活于高寒地区的山地动物。白天常隐于林缘或其他灌丛中，

▲白唇鹿栖息的家园——甘孜新路海

▲风雪中的白唇鹿

也攀登流石滩和裸岩峭壁，善于爬山奔跑，有季节性垂直迁徙的习性，它们宽大的蹄子利于翻山越岭，做长途迁移。它们喜欢集群生活，日行性，无定居，耐饥寒。

白唇鹿的发情、交配期多在 9～11 月份。每胎仅产 1 崽，刚出生的小鹿非常可爱，身上有白斑。在交配期，为了争夺雌鹿，雄鹿间经常发生激烈的争偶格斗。孕期 8 个月左右，翌年夏季产崽。

由于白唇鹿的鹿茸产量较高，是名贵中药材，所以对白唇鹿等鹿类动物进行的猎杀使得这一珍贵种群越来越罕见。比如 20 世纪 50 年代末在四川甘孜州，每年收购野生鹿茸 60～70 架。到 70 年代后期，虽然各地管理部门已加以重视和保护，但由于经济价值大，交通闭塞，非法猎杀仍禁而不止。加上各地捕捉初生幼鹿进行饲养，对野外种群增长也影响较大。

当然，白唇鹿的情况也引起了人们的注意，各地也采取了有效的措施来预防这种局面出现。人们建立了相应的白唇鹿自然保护区，现有的保护区有新路海保护区（四川）、盐池湾保护区（甘肃）。目前，一些地区已有效地控制住了对白唇鹿的捕猎。

长鼻子的大力士——亚洲象

亚洲象别名印度象、大象、野象，属长鼻目、象科。多栖息于热带地区，主食竹笋、嫩叶、野芭蕉等。在中国，亚洲象为国家一级保护动物，被列入《濒危野生动植物种国际贸易公约》附录Ⅰ中，并被世界自然资源保护联盟列为濒危种。

亚洲象身躯高大威武，四肢粗大强壮，前肢5趾，后肢4趾；尾短而细；皮厚多褶皱；全身被稀疏短毛；头顶为最高点，体长5～6米，身高2.5米，体重4～6吨。亚洲象性情温顺善良，是力量、威严、吃苦耐劳、任劳任怨的象征。亚洲象的嗅觉和听觉非常发达，但视觉较差。亚洲象的寿命为50～65岁，饲养条件下，有活到80岁的纪录。

亚洲象最为引人注目的特征，也是最富传奇色彩的就是那长约两米、鼻端有一个肉突，而且弯曲缠卷自如、感觉十分灵敏的肉质长鼻。大象的鼻子是上唇的延长体，它主要由4万多条肌纤维组成，里面有丰富的神经联系，具有和人手一样的功能。所以，象鼻对于大象来说不仅仅是嗅觉器官，还是取食、吸水的工具和自卫的武器。

▲亚洲象在互相"打招呼"

▲大象被认为是智商较高的一种动物。泰国北部的 8 头大象用实际行动再次证实了这一论断，它们联手"绘制"了一幅巨幅油画，从而创造出了一项新的吉尼斯世界纪录

亚洲象的另一个特征就是它的长长的象牙，平均长度在两米左右。象牙也是亚洲象强有力的防卫武器，雌象的牙较短，不凸出于口外。

亚洲象的耳朵也很大，宽度近 1 米，有利于收集声波，所以它们的听觉非常敏锐，彼此之间常用人们听不见的次声波进行联络。而且，由于大象耳部的褶皱很多，表面积大为增加，所以散热也就更快。在炎热的夏季，它就是靠不停地扇动两只大耳朵使耳部的血液加速流动，达到散热降温的目的。此外，耳朵还能驱赶热带丛林中的蚊蝇和寄生虫。

亚洲象的食量大得惊人，每天要吃 100～150 千克的新鲜植物，因此在野外需要占据几十平方千米的活动或取食领域。为了吃到足够的食物，象群还要经常从一个地方走到另一个地方，边走边吃。它们的游动性极大，而且是有规律的周期性活动，经常穿行边境"周游列国"。虽然大象体格庞大，但是这不影响它们的速度。作为群居性动物，象以家族为单位，由雌象做首领，每天活动的时间、行动路线、觅食地点、栖息场所等均听雌象指挥，而成年雄象只承担保卫家庭安全的责任。有时几个象群会聚集起来，结成上百只的大群，浩浩荡荡，场面十分壮观。

亚洲象还有很多有趣的习性，它们性格活泼，喜欢水浴，常在河边或水塘边洗澡、嬉戏，用长鼻子吸水冲刷身体，还喜欢将泥土涂满全身，以便除去身上的寄生虫，还可防止蚊虫叮咬。同时，它还是游泳好手，游泳的速度也不慢，可以连续游五六个小时，渡过很宽的河流。

亚洲象和人类非常亲近。由于亚洲象的智商很高，性格善良而温顺，所以容易被人类驯化。印度是最早驯养亚洲象的国家，始于公元前 3 500 多年。现在几乎所有产亚洲象的国家都将其驯化为家畜，用于开荒、筑路、伐木、搬运重物等。亚洲象几乎受到所有产地国家的热爱，老挝的国旗上画着数只亚洲象，并将首都取名为万象。泰国是拥有亚洲象最多的国家，素有"大象之邦"之称。亚洲象不仅是泰国文学艺术上的一个永恒的主题，而且被认为是佛教的圣物，在古时还被组成军队，用于战争。据说在 17 世纪时，泰国的军队中有两万多只训练有素的亚洲象冲锋陷阵，为战胜敌人立下了汗马功劳。令人想象不到的是，经过训练的亚洲象还能替主人细心地看管小孩呢！

令人遗憾的是，现在野生亚洲象数量已不多，我国的仅分布于云南省南部与缅甸、老挝相邻的边境地区，数量十分稀少，现存大约不到 300 头，屡遭猎杀，已经濒危。

为了保护濒临灭绝的亚洲象，亚洲各国在其分布地区建立了自然保护区，对随意猎杀野象的偷猎者，都会按法律予以严厉制裁。

鹿中美人——梅花鹿

梅花鹿属偶蹄目、鹿科。野生的梅花鹿曾在我国广泛分布，东北、华北、华东、中南地区都曾有过梅花鹿栖息地。但目前华北的梅花鹿已经绝迹；在华东江西省彭泽县的桃红岭，据估算还有 100 头左右；原来产鹿数量较多的东北、中南，野生梅花鹿的数量也十分稀少了。20 世纪 70 年代初，在四川和甘肃的交界处又发现了一群野生梅花鹿，但数量也只有一二百头。

梅花鹿是一种中型的鹿类，体长 125~145 厘米，尾长 12~13 厘米，体重 70~100 千克。它们体形匀称，体态优美，毛色随季节的改变而改变，夏季体毛为栗红色，无绒毛，在背脊两旁和体侧下缘镶嵌着许多排列有序的白色斑点，状似梅花，在阳光下还会发出绚丽的光泽，因而得名。冬季体毛呈烟褐色，白斑不明显，与枯茅草的颜色差不多，借以隐蔽自己。其颈部和耳背呈灰棕色，一条黑色的背中线从耳尖贯穿到尾的基部，腹部为白色，臀部有白色斑块，其周围有黑色毛圈。

◀ 美丽温驯的梅花鹿

▲ 梅花鹿的决斗

梅花鹿的头部略圆，面部较长；鼻端裸露；眼大而圆，眶下腺呈裂缝状，泪窝明显；耳长且直立；颈部长；四肢细长；主蹄狭而尖，侧蹄小；尾较短。雌鹿无角，雄鹿的头上有一对壮硕的大角，角分4杈，眉杈和主干成钝角，在近基部向前伸出，次杈和眉杈距离较大，位置较高，故人们往往以为它没有次杈，主干在其末端再次分成2个小枝。主干一般向两侧弯曲，略呈半弧形，眉杈向前上方横抱，角尖稍向内弯曲，非常锐利，是其生存斗争的有力武器。

梅花鹿很机警，它的嗅觉、听觉都很敏锐，在觅食时它们多迎风而立，因为这样更利于嗅到敌兽的气味、听到敌兽的声音，一旦有所察觉，它们就会停止觅食和嬉戏，静听动静，如果确认有敌情，会立刻迅速奔逃。

梅花鹿多生活在森林边缘或山地草原地区，当然，它们也会根据季节的变化而迁徙。梅花鹿是反刍动物，以青草、树叶为食，好舔食盐碱。雄鹿平时独居，发情交配时，雄鹿间争雌的格斗很激烈。8～10月份发情交配，孕期为230天左右，次年4～6月份产崽，每胎1崽，幼崽身上有白色斑点。

由于梅花鹿外表娴静，所以人们也赋予了梅花鹿许多特殊的文化内涵。比如古代常将"梅花鹿"与"梅花榜"相联系。清代时，在绍兴一带，科举考试之取录名单发榜时写成"梅花榜"——每一榜50名，第一名提高大写，第二名排在第一名的右下方，余者如是依次按顺时针方向写去，至第五十名刚好排在第一名的左下方，构成一幅由人名编织的圆形梅花图案，即"梅花榜"或"梅花图"。

梅花鹿具有很高的经济价值和药用价值，不过现在用以制药、制革的原料都来自人工饲养的梅花鹿。由于人类过度的捕杀，野生梅花鹿已数量极少，现人工养殖种群已有数十万只。

现在，野生梅花鹿已被列为国家一级保护野生动物，严禁捕杀。为了野生梅花鹿的繁殖，国家也已划定了一些野生梅花鹿的自然保护区。

相关知识全接触

反刍动物

反刍动物是指那种分两个阶段进行消化的动物，具体的是先咀嚼原料吞入胃中，经过一段时间以后将半消化的食物反刍再次咀嚼。反刍动物包括牛、羊、骆驼、鹿等。反刍动物在解剖学上的共同特征是均为偶蹄类。

反刍动物的胃分为4个胃室，分别为瘤胃、网胃、重瓣胃和皱胃。前两个胃室将食物和胆汁混合，特别是使用共生细菌将纤维素分解为葡萄糖，然后反刍食物，经缓慢咀嚼并混合唾液，进一步分解纤维。重新吞咽后经过瘤胃到重瓣胃，进行脱水，然后送到皱胃，最后送入小肠被吸收。

舞姿翩翩的绿孔雀

绿孔雀属大型雉科鸟类，别名爪哇孔雀，在我国主要分布于云南的低山河谷地带，在国外主要分布于缅甸、印度阿萨姆、泰国、老挝、越南、柬埔寨、马来半岛和爪哇岛等地区。杂食，嗜食棠梨、黄泡等果实及稻谷、豌豆等作物，亦食昆虫。绿孔雀的数量很少，对现有分布区内各地调查累计共有 635～950 只，我国已将绿孔雀列为一级保护珍禽。

绿孔雀的雄鸟体羽呈翠蓝绿色，颈部、胸部和背部的羽片具金黄色宽缘和蓝绿色狭缘，呈鳞斑状花纹，头顶有一簇翠蓝绿色冠羽，尾上覆羽延伸成尾屏。雌鸟羽色以褐色为主，带绿色辉光，无尾屏。

绿孔雀多栖息于海拔 2 000 米以下的热带、亚热带低山河谷地带，停栖于谷地山坡、高大的乔木树上，多是一只雄鸟伴随 3~5 只雌鸟和幼鸟在开阔的稀树丛林里活动。虽然绿孔雀的鸣声洪亮，响彻山谷，但是它们的声音并不悦耳。

▲惊艳——孔雀开屏

绿孔雀双翼不太发达，飞行速度慢而显得拙笨，只是在飞落下降时才稍快一些。它们的腿强健有力，善疾走，逃窜时多是大步飞奔。在觅食时，行走姿势与鸡一样，边走边点头。

绿孔雀雄鸟尾上覆羽特别发达，有百余枚，并有紫、黄、蓝、绿多种颜色构成的眼状斑纹，形成孔雀特有的尾屏。每当春暖花开时节，孔雀开始发情，雄孔雀追随于雌孔雀周围，把鲜艳夺目且具有眼状的尾羽完全展开，状如扇子，并不断抖动，互相摩擦

▲绿孔雀

而发出"沙、沙、沙"的声音，以显示健康美丽的雄性性征。在金色阳光的照耀下，其尾羽光彩夺目，这就是人们常说的"孔雀开屏"。孔雀的美丽羽毛，历来是人们喜爱的装饰品。清代时，人们经常用孔雀的羽毛与褐马鸡尾羽配合制成"花翎"，以翎眼多寡区别官阶等级。

绿孔雀通常在每年的 2 月下旬进入繁殖期，它们经常将巢筑于浓密的灌木丛、竹林中，雌鸟每窝产卵 4~8 枚，乳白、棕或乳黄色。雌鸟孵卵，孵卵期为 27 ~ 30 天。

令人担忧的是，由于森林植被被破坏及人类乱捕滥猎，绿孔雀的数量已逐年减少。20 世纪 80 年代以来，我国加强了关于自然保护的宣传，并加大了对绿孔雀的保护力度，目前，绿孔雀的数量正在不断增加。

美丽的白腹海雕

白腹海雕，海雕属，没有亚种。在国外分布于印度、斯里兰卡、孟加拉国、澳大利亚、新几内亚和西南太平洋中的岛屿上，在我国分布于江苏、浙江等地，极罕见，为世界一类保护动物。

白腹海雕是大型猛禽，为留鸟，多活动于海岸及河口地区，有时也出现在离海岸不远的丘陵和水库上空，但一般不远离海岸，因此是典型的海岸鸟类。

白腹海雕的头部、颈部和下体都为白色，背部为黑灰色。与其他海雕不同的是，它的尾羽呈楔形，褐色，端部白色。虹膜为褐色，蜡膜和上嘴为红灰色，下嘴蓝灰色，尖端黑色，嘴裂为红蓝色，爪黑色。白腹海雕以鱼类、海蛇、野鸭等为食，也在陆地上捕食蛙、蜥蜴、野兔和蛇，有时还吃动物尸体，偶尔捕食家禽。

▲凶猛捕食的白腹海雕

白腹海雕在飞翔的时候是非常从容的，它们通常单只或成对沿着海岸在水面上低空飞翔，两翅扇动缓慢而有力，有时也在高空翱翔或滑翔。当在高空翱翔或滑翔的时候，两翅常上举成"V"字型。主要在早晨和黄昏觅食，叫声为"啊，啊"，较为简单。

白腹海雕一般营巢于海岸边高大的乔木树上或悬崖岩石上，也营巢于内陆沼泽地带的小树上、没有树木的岛屿的地上或岩石上。

▲白腹海雕

巢的结构较为庞大，直径通常可达 250 厘米，主要由枯树枝构成，里面放有一些绿叶，它们还喜欢利用旧巢，通常一个巢可使用多年，但每年都需要增加新的巢材，因此随着使用年限的增加，巢也变得愈来愈大。在印度曾发现一个直径达 270 厘米、高达 180 厘米的巢。

白腹海雕的繁殖期从每年的 12 月份到翌年 3 月份，在南半球的澳大利亚等地则通常在 5~10 月份。每窝通常产卵 2 枚，偶尔为 3 枚。卵为白色，形状为卵圆形。雌鸟与雄鸟轮流孵卵，但以雌鸟为主，雄鸟仅在白天替换雌鸟。白腹海雕的领域性甚强，也是由雌鸟与雄鸟共同来保卫。

由于白腹海雕的数量稀少，人们已经加大了对白腹海雕的保护工作，如禁止捕杀、遥感监测、及时救助伤病鸟等。目前，人类对白腹海雕的保护工作已经取得成效。

鸟类"东方宝石"——朱鹮

　　朱鹮，属鹳形目、鹮科，别名朱鹭，也被称为朱脸鹮鹤、日本风头鹮、红鹤鹮等。由于它的体态优美，性情温驯，我国人民把它当作吉祥的象征，叫它"吉祥之鸟"，日本人叫它"仙女鸟"，并曾以它为"国鸟"。朱鹮是世界上最濒危的鸟类之一，素有鸟类"东方宝石"之称。1994 年 11 月 30 日，世界自然保护联盟理事会通过《国际濒危物种等级新标准》，朱鹮被列为极濒危动物。

　　朱鹮体长通常约 77 厘米，体重约 1.8 千克。雌雄羽色相近，体羽白色，羽基微染粉红色，初级飞羽基部粉红色较浓；后枕部有长的柳叶形羽冠；额至面颊部皮肤裸露，呈艳丽的鲜红色；嘴细长而末端下弯，长约 18 厘米，喙的尖端和下喙的基部为红色其他部分为黑色；腿长约 9 厘米，朱红色。

　　朱鹮平时栖息在高大的乔木上，觅食时才飞到水田、沼泽地和山区溪流处，以捕捉蝗虫、青蛙、小鱼、田螺和泥鳅等为生。朱鹮天敌很多，乌鸦和青鼬常来争巢毁蛋，伤害幼鸟，所以它们对巢区的选择非

▶ 朱鹮

常严格。朱鹮一般是一边孵卵育雏，一边扩大加固窝巢的。一般5月产卵，每次产卵3~4枚，卵呈淡青色具褐色细斑。雄雌朱鹮轮流孵卵。大约1个月时间，雏鸟破壳而出，"慈爱"的父母轮班照看、喂养雏鸟。小朱鹮1个月后羽翼逐渐丰满，开始学习飞行，不久就能独自外出觅食。

朱鹮曾广泛分布于俄罗斯西伯利亚的西南部，中国的中部、东北部，日本的南部

▲有鸟类"东方宝石"之称的朱鹮

和朝鲜半岛。据载，19世纪末及20世纪初，黑龙江上游、乌苏里江流域、兴凯湖沿岸都曾是朱鹮的栖息地，特别是西伯利亚湿地中，朱鹮的数量多如麻雀。1911年12月，在朝鲜半岛的西岸金堤，成千上万只朱鹮在那里集群，以至于如遮天蔽日的云霞一般。可是，进入20世纪60年代之后，环境恶化等因素导致种群数量急剧下降，至20世纪70年代野外已没有了朱鹮的踪影。幸运的是，朱鹮在失踪多年后，于1981年被人们在陕西省洋县姚家沟重新发现，当时数量为7只，轰动世界。此后，科研人员对朱鹮的生活和保护等进行了大量科学研究，并取得显著成果，特别是饲养繁殖方面，于1989年世界上首次人工孵化成功。1992年以来，雏鸟已能顺利成活，为拯救这一珍禽带来了希望。经过20多年的人工繁殖和精心饲养，截至2003年，我国朱鹮的野外种群和人工繁育种群已经有400多只。

尖耳朵的猎手——猞猁

猞猁，又名林浅，属食肉目、猫科，主要分布于欧洲的北部、中部、东部、东南部，亚洲的中部、东部等，在我国分布于北方的大部分地区，属于国家二级保护动物。

猞猁是中型猛兽，体形小于狮、虎、豹等大型猛兽，但比小型的猫类大得多。体长 85~130 厘米，尾长 12~24 厘米。猞猁身体粗壮，四肢较长，尾极短粗，尾尖呈钝圆。最为可爱和引人注目的是耳尖上生有明显的丛毛，两颊有下垂的长毛，腹毛也很长。它们的毛色差别较大，有乳灰、棕褐、土黄褐、灰草黄褐及浅灰褐等多种色型，但有些部位的色调是比较恒定的，如外耳缘黑色或黑褐色，内耳缘乳灰色，耳尖丛毛纯黑色，其中夹杂几根白色毛，上唇暗褐色或黑色，下唇污白色至暗褐色，颔两侧各有一块褐黑色斑，尾端一般纯黑色或褐色，四肢前面、外侧均具斑纹，胸、腹为一致的污白色或乳白色。全身布满略微似豹那样的斑点，这有利于它们的隐蔽和觅食。

猞猁常栖居在寒冷的高山地带，不畏严寒，耐饥性强，可在一处静卧几日。猞猁也善于游泳，但不轻易下水。它还是个出色的攀缘能手，甚至可以从一棵树纵身跳到另一棵树上。

▲ "帅气" 的猞猁

猞猁以野兔、松鼠、野鼠、旅鼠、旱獭、雷鸟、鹌鹑、野鸽、雉类等为食。在自然界中，虎、豹、熊等大型猛兽都是猞猁的天敌，如果遭遇到狼群，也会在劫难逃。当然，为了生存，猞猁也有自己独特的逃生方法，比如当猞猁遇到危险时会迅速逃到树上躲藏隐蔽起来，有时还会躺倒在地，假装死去，从而躲过敌害。

猞猁在捕食的时候非常有趣，它们常借助草丛、灌丛、石头、大树等做掩护，埋伏在猎物经常路过的地方，两眼警惕地注视着四周。它的忍耐性极好，能在一个地方静静地卧上几个昼夜，待猎物走近时，才出其不意地冲出来，捕获猎物，毫不费力地享受一顿美餐。如果突击没有成功让猎物

▲猞猁"一家"

溜走了，也不会穷追猎物，而是再回到原处，耐心地等待下一次机会。有时它也悄悄地漫游，看到猎物正在专心致志地取食，便蹑手蹑脚地靠近、再靠近，冷不防地猛扑过去，在猎物不明就里时将其捕杀。

蛇中"巨人"——蟒蛇

蟒蛇，别名蚺蛇，属于爬行纲、蟒蛇科，无毒。在我国，蟒蛇主要产于云南、贵州、福建、广东、海南等地；也产于印度、斯里兰卡及东南亚一带。目前野外的数量已经很少，属于国家一级保护动物。

蟒蛇是中国蛇类中最大的一种，常见体长 3～5 米，体色黑，有云状斑纹，背面有一条黄褐斑，两侧各有一条黄色带状纹，腹面为黄白色，具少数黑褐色斑。头颈部的分区也很明显；头顶背面的斑块呈矛形；眼小，瞳孔直立，呈椭圆形；肛孔两侧有后肢残余，呈爪状。

蟒蛇主要栖息于热带和亚热带丛林中，善攀缘，亦可栖于水中，夜间活动。蟒蛇是一种非常恐怖的动物，由于它们躯体的庞大，所以几乎没有什么天敌。蟒蛇对森林里的大多数动物都具有很大威慑力，但主要以鼠、兔、鸟、蜥蜴、家禽等为食。它们在吃东西的时候，真

▲ 缠绕在树上的巨蟒

▲蟒蛇的头部特写

可以用"狼吞虎咽"来形容，而且食量很大，有时可吞食几十千克重的小牛。当它们捕食较大的猎物时，通常是把猎物缠紧，待猎物窒息后再吞食。从繁殖方式来看，蟒蛇一窝可产下 10 ~ 100 个蛋，数量的多少由蛋的大小而定。孵化期为 60 ~ 80 天。

蟒蛇作为威猛的象征，在古代深受帝王的青睐，因此蟒袍便是中国古代帝王将相等高贵身份的人物所通用的礼服。明代"蟒衣"本是皇帝对有功之臣的"赐服"；至清代，蟒衣则列为"吉服"，凡文武百官，皆衬在补褂内穿用。衣上的蟒纹与龙纹相似，只少一爪，所以人们把四爪龙称为"蟒"。

但是令人遗憾的是，由于蟒蛇的肉是盛宴上很受欢迎的野味，其皮也颇有经济价值，人们为了获取它们，经常采用猎杀的手段，使得蟒蛇的数量逐年减少，现在已处于濒危状态。

身披铠甲的"土行孙"——穿山甲

穿山甲，别名鲮鲤，属于鳞甲目、穿山甲科。主要分布于我国长江以南至台湾地区，以及越南、缅甸、尼泊尔等地。穿山甲已被列为国家一级重点保护野生动物，并被列入《中国濒危动物红皮书·兽类》中，世界自然保护联盟将穿山甲所有种类都列入《濒危野生动植物种国际贸易公约》附录Ⅱ中。

穿山甲的体形狭长，头体长一般为42~92厘米；尾扁而粗，一般长27~35厘米；头呈圆锥形，吻尖，无齿，舌细长，能伸缩，带有黏性唾液；体和尾被有角质鳞。觅食时，穿山甲以灵敏的嗅觉寻找蚁穴，用强健的前肢爪掘开蚁洞，将鼻吻深入洞里，用长舌舔食蚂蚁。外出时，幼兽伏于母兽背尾部。受惊的时候，穿山甲会缩成一团，卷成球形。

穿山甲一般多栖息于山麓、丘陵或灌丛杂树林、小石混杂泥地等较潮湿的地方，挖洞居住，多筑洞于泥土地带，洞道深邃，巢位于长长洞道的末端，穿山甲深居其中，真如会土遁的"土行孙"一般。穿

▲穿山甲"母子"外出

▲穿山甲就是动物界的"土行孙"

山甲多在夏初交配，孕期约 270 天，冬末或春初产崽，每胎 1～2 崽。

中国古人很早就开始关注穿山甲了，根据陶弘景的《本草经集注》记载，穿山甲"能陆能水，日中出岸，张开鳞甲如死状，诱蚁入甲，即闭而入水，开甲蚁皆浮出，围接而食之"。从中透露出穿山甲捕食蚂蚁技巧独特而高超。

穿山甲的存在极大地维护了生态的平衡。由于穿山甲是以猎捕蚁类等害虫为食，所以对森林、农作物及维护自然生态都有保护作用。另外，穿山甲的药用价值也很高，它是名贵的中药材原料，是我国 14 种重要的药用濒危野生动物之一。据《本草纲目》记载，穿山甲"除痰疟寒热，风痹强直疼痛，通经络，下乳汁，消痈肿，排脓血，通窍杀虫"。但由于肆意捕杀和栖息地遭破坏，已造成野生种穿山甲数量急剧下降，濒于灭绝。对此，我国政府及国际社会予以广泛的关注和重视，已严禁捕猎这一珍贵的动物，使其得以休养生息，数量逐渐回升。

悬崖绝壁上的"行者"——塔尔羊

塔尔羊，又叫鬣羊、长毛羊等，分为喜马拉雅塔尔羊、阿拉伯塔尔羊、巨角塔尔羊三种。塔尔羊在国外分布于巴基斯坦、印度北部、尼泊尔等国家和地区。在我国直到 1974 年才首次发现塔尔羊，仅见于西藏樟木、吉隆和聂拉木的波曲河谷等地。

从外形看，我们很难把塔尔羊与山羊区分开，塔尔羊身上和山羊一样，有很浓的膻味。但是如果你仔细观察，就会发现塔尔羊也有自己的独特的地方，比如雄兽的颏下没有长须，面部和吻部光秃无毛；塔尔羊雌雄两性都有向后弯曲的短角，角基部宽，有一个龙骨状的突前缘；另外，塔尔羊的头形狭长，蹄子粗大，尾巴较短，而且腹部表面裸露。

塔尔羊是一种非常漂亮的羊种，它最突出的特点就体现在长长的绒毛上。塔尔羊的肩部和颈部有长毛，下垂到膝部，形成鬣毛，几乎

▲喜马拉雅地区的塔尔羊

▲塔尔羊

与狮的雄兽相媲美，也正因为如此，塔尔羊变得非常珍贵。塔尔羊身上其他地方的体毛也是又长又密，为红棕色或深褐色，其中四肢和头部的毛色较深，雄兽的体色又比雌兽深，但偶尔也有灰白的色型。

塔尔羊的生活习性也很有趣。通常情况下，它们喜欢栖息于山坡丛林中，尤其喜欢灌丛较密、山势险峻的地带，以冰草等禾本科植物及灌丛的嫩枝、树叶等为食。它们是群居性的动物，每个群体的数量大多为 30 ~ 40 只，算得上是大家族了。塔尔羊攀登悬崖绝壁的本领也十分

高超，它们在陡峭的崖壁上也没有一丝慌乱。白天，它们便到有遮蔽的灌丛或陡峭的山崖上休息。塔尔羊的性情机警，视觉、嗅觉和听觉都很灵敏，而且善于隐蔽。每群中还有一只负责警戒的雄羊，因此可以很好地防止敌害侵扰。老年雄性在夏季另组成小群，居住在最崎岖险峻之处，到冬季回到大群中，一起过冬。塔尔羊的寿命和其他的羊类差不多，为 16 ~ 18 年。

塔尔羊目前的生存状况令人忧虑，它们的分布范围狭窄，数量稀少，亟待人们给予更多的关注与关怀。

失踪多年的华南虎

华南虎，别名南中国虎，属食肉目，猫科，是一种大型哺乳动物，也是中国特有的虎种。华南虎起源于 200 多万年前，是世界上现存 5 个老虎亚种的祖先。华南虎曾广泛分布于华南、华东和华中等地区，也被称作中国虎（史书上记载、描写的老虎一般都是指华南虎）。但由于长期过量的捕猎及栖息环境的破坏，现在华南虎在许多地区都已销声匿迹了。

与其他虎种相比，华南虎个头偏小，毛色略深，身上的虎纹宽一些，脖子和脸也稍微长一些。华南虎主要生活在森林、丛林和野草丛生的地方，没有固定的巢穴，活动区域特别大，可行走 50 多千米。华南虎属夜行性动物，白天休息，晨昏活动最频繁，善于游泳，不会攀爬，捕食勇猛，喜单独行动，视觉、听觉极为发达，脊柱关节灵活，行走时爪能收缩，没有响声，十分轻巧迅速，主要捕食大型食草类动物，饱餐后可维持数日。

据相关资料显示，在 20 世纪 50 年代初，我国还有 4 000 多只华南虎。尽管最为流传的一种说法是目前全世界野外数量估计有 20~30 只，但在最近 30 多年中，野生华南虎已经没有了目击记录。有关专家在对华南虎野外种群及栖息地进行调查，并几经论证后，认为该物种已经功能性灭绝。如今，华南虎已被世界自然保护联盟列为

▲ 正在南非老虎谷进行野化训练的中国华南虎 "国泰" 在雪地散步

世界上最为濒危物种和第一需要保护的虎种。

　　华南虎曾在我国八个地区有分布，秦巴山区的巴山地区是华南虎分布的最北线，历史上曾有华南虎出没的安康市，就以镇坪县和平利县最为集中。近几年来，在鄂西、鄂南也有不少关于华南虎的讯息，如神农架自然保护区内对金丝猴进行跟踪观察的人看到华南虎的足迹，听到华南虎的吼叫声；具有一定狩猎经验的人也在神农架看到华南虎的足迹。在湖北省五峰县的后河省级自然保护区，有不少人看到华南虎的足迹。随着全国动物普查科研项目的进行，挽救中国这一特产濒危动物的工作将会更加迫切有效。

▶ 中国邮政发行的华南虎纪念邮票

忠于爱情的梦幻仙子——丹顶鹤

丹顶鹤，别名仙鹤，属鸟纲、鹤科。其主要在我国的嫩江、松花江和乌苏里江流域繁殖，主产于黑龙江、辽宁、俄罗斯西伯利亚东部和朝鲜半岛，迁至长江下游一带越冬，在河北、山东为旅鸟，台湾省偶见冬候鸟，黑龙江的扎龙自然保护区可以说是丹顶鹤的故乡了。丹顶鹤属于国家一级保护动物。

丹顶鹤的形态美丽而高贵，它们常常于夕阳西下的黄昏中亭亭玉立，挺胸昂首，回步转颈，或引颈高鸣，或展翅起舞，俨然一位优雅的"舞者"，伴着夕阳的节奏，跳着欢快的"芭蕾"。

丹顶鹤的体长可超过 1.2 米，体羽大都为白色，仅次级飞羽和三级飞羽为黑色，其次级飞羽和三级飞羽形长而弯曲成弓状，两翼折叠时，覆盖在白色短尾上，常被误认是尾羽；其头顶裸露，呈鲜红色，喉、颊和颈的大部分为暗褐色。丹顶鹤的幼鸟羽色大多为棕黄色，仅在肩部具少量黄褐色色斑，1 龄后的丹顶鹤才长成成鸟的羽色。作为涉禽，它具备了涉禽"三长"——喙长、颈长和脚长的特征，这与它生活在湿地沼泽中的生活习性密切相关。

丹顶鹤多栖息于芦苇及其他荒草的沼泽地带，常涉水于近水浅滩，取食鱼、虫、甲壳类及蛙等，也吃水生植物的嫩芽、种子等。丹顶鹤是候鸟，每年春天，丹顶鹤便集成小群，从南方越冬地陆陆续续迁徙到黑龙江的嫩江平原以东至黑龙江下游和乌苏里江流域开阔而人迹罕至的湿地繁殖。

▲ "优雅的舞者"——丹顶鹤

114

丹顶鹤严格实行"一夫一妻"制，一旦成为配偶，就可维持终身，故在日本等国家将丹顶鹤视为爱情专一的象征。在进入交配期前，雄性丹顶鹤首先要抢占地盘，不允许其他同性个体进入自己的领地，这种行为称为占巢。其次，丹顶鹤要举行求偶仪式，雄鹤会与雌鹤一起翩翩起舞，并引颈高歌，以吸引异性的注意和爱慕，此时的鸣声尤为响亮而悠远，往往数里之外都可以听见它的叫声，故古人有"鹤鸣九皋，声闻于天"的说法。

▲ "爱的舞蹈"

通常情况下，丹顶鹤的繁殖期是在每年的 4 月中旬。丹顶鹤配对成功后，就开始为自己建造爱情的小屋——鸟巢。它们建筑的材料仅是一些芦苇、苔草等水生植物的根、茎。丹顶鹤通常每窝产 2~3 枚卵，卵较大。孵卵是十分辛苦的工作，往往由雌雄丹顶鹤交替孵卵，但夜间多由雌丹顶鹤负责。经过漫长的 31 ~ 33 个日夜，小丹顶鹤破壳而出。它一出世，就可随父母蹒跚学步，4 天后就可随父母到水中觅食。

和其他鸟类相比，丹顶鹤对人类来说具有更多的文化意蕴。丹顶鹤在中国古代神话和民间传说中被誉为"仙鹤"，成为美丽、高雅、善良的象征。在诗词和中国画中，常被文学家、艺术家作为主题而称颂。又因丹顶鹤的寿命很长，一般为 50~60 岁，所以其又是"长寿"的代名词。我国古代有"松鹤延年"之说，并将"松鹤图"作为祝寿的礼物。其实，鹤类是不上树的，虽然鹤类和大多数鸟类一样具有三前一后四个脚趾，但其后趾明显高于前三趾所在的平面，因而它的脚趾无法抓住树干，只能在地面活动。"松鹤图"虽有悖于科学，但其寓意一直为人们所喜爱。

目前，由于人类的猎杀和栖息地被破坏，丹顶鹤的数量已大为下降，分布区的面积也急剧减少，当前在我国仅分布于黑龙江省北部地区（繁殖地）。但是只要人人都知道保护鸟类，保护鸟类赖以生存的环境，丹顶鹤就一定能够继续留在人间，为我们的世界增添色彩。

▲田野中自在的丹顶鹤

植物篇

PART 2

　　很多人都痴迷于宫崎骏的动画片，尤其是片中那些高耸入云而又灵性十足的大树和林中变幻莫测的自然精灵，它们共同组成了一个生命的天堂，给人一种坚定顽强而又幽静神秘的感觉！

　　这就是大自然的魅力，其中千奇百怪的植物既给人以美感，又给人以惊奇，难怪清代著名文学家蒲松龄会在他的《聊斋志异》里，将那么多的植物点化成精、描画似人，或许这就是植物给人的体会和灵感吧！

　　在这部分文字中，我们既可以惊叹于美国红杉的伟岸，也会陶醉于银杏树的美丽，更能领略到食肉植物猪笼草的奇异……

　　下面，就开始我们奇异的植物王国之旅吧！

羊角形的果子——羊角槭

羊角槭是槭树科具羊角形带翅坚果的落叶乔木的总称，在亚洲、欧洲、美洲均有分布。

分布于中国的槭树通常高约 15 米，胸径约 0.6 米，主干略带扭曲状；树皮灰褐色或深褐色，具发达的木栓；小枝圆柱形，嫩枝淡紫色或紫绿色，被褐色或淡黄色短柔毛。叶具乳汁，基部近心形或近截形，5 裂，中裂片长于侧裂片，基部的裂片钝尖或不发育，裂片边缘波状，叶柄长 4~7 厘米。花序顶生，伞房圆锥状；花杂性；萼片 5，绿色，长 3.5~4 毫米；花瓣 5，淡绿色；雄蕊 8，着生于花盘上。小坚果扁平，近于圆形，翅长圆形，两侧近于平行，近水平张开或稍反卷。

分布于中国的羊角槭和日本北海道产的日本羊角槭的亲缘关系极为密切，后者的化石（叶及种子）发现于日本第三纪中新世、上新世及更新世的地层中。中国羊角槭可能和日本羊角槭起源于同一地质年代，是一个古老的残遗种，对研究植物地理学和古植物学均具有一定的意义。

分布于中国的羊角槭多生长在多雾而潮湿的地区，仅分布于浙江西天目山狭窄的范围。叶芽 3 月下旬开始萌动，4 月展叶，花于 4 月下旬开放，小坚果于 9 月下旬至 10 月成熟，10 月下旬至 12 月上中旬落叶。种子不孕率高，发芽率低，天然更新能力很弱，加之人们在采种时不爱护母树，严重损坏树姿，使半角槭陷入濒临灭绝的境地。现在，西天目山已建立自然保护区，对其进行重点保护，当地林场也开展了繁殖试验；杭州植物园也已将其作为濒危物种开始进行引种栽培。

▲出产于美洲的羊角槭各部分结构示意图

庭院中的"鹿角"——鹿角蕨

鹿角蕨又名鹿角羊齿，原产于澳大利亚。鹿角蕨在全世界的自然分布有 16 种之多，其野生品种主要分布在非洲、亚洲、大洋洲和南美的热带、亚热带雨林中，它们都有极高的观赏价值。主要有美洲鹿角蕨、安哥拉鹿角蕨、肾形鹿角蕨、马达加斯加鹿角蕨、三角叶鹿角蕨、瓦斯鹿角蕨、大鹿角蕨、硬叶鹿角蕨、银叶鹿角蕨、冠状鹿角蕨、沃尔切鹿角蕨、女皇鹿角蕨、重裂鹿角蕨等。种类繁多的鹿角蕨，为装点室内绿色空间，提供了丰富的种植材料。

鹿角蕨为多年生附生草本观叶植物，根状茎肉质，短而横卧，有淡棕色鳞片。叶两列，基生不育叶（腐殖叶）宿存，厚革质，直立或下垂，无柄，贴生于树干上，长 25~35 厘米，宽 15~18 厘米，先端截形，不整齐，3~5 次叉裂，裂片近等长，全缘，两面疏被星状毛，初时绿色，不久枯萎，呈褐色；叶常成对生长，下垂，呈灰绿色，长 25~70 厘米，分裂成不等大的 3 枚主裂片，基部楔形，下延，几无柄，内侧裂片最大，多次分叉成狭裂片，中裂片较小，两者均可育，外侧裂片最小，不育，裂片全缘，通体被灰白色星状毛，叶脉粗突。孢子囊散生于主裂片的第一次分叉的凹缺处以下，不到基部，初时绿色，后变黄色，密被灰白色星状毛，成熟孢子为绿色。

鹿角蕨多分布于热带季风气候区，常附生在以毛麻楝、楹

▲沃尔切鹿角蕨，看它叶子不整齐的叉裂与鹿角多相似

树、垂枝榕等为主体的季雨林树干和枝条上，也可附生在林缘、疏林的树干或枯立木上。植株以腐殖叶聚积落叶、尘土等物质为营养。雨季开始，在短茎顶端上长出新的腐殖叶及能育叶各两片。上一年的腐殖叶在当年就枯萎腐烂，而可育叶至第二年春季才逐渐干枯脱落。

鹿角蕨分布范围极为狭窄，对研究蕨类植物区系有科学意义，其植株形态奇异美丽，可栽培以供观赏。

▲美丽的鹿角蕨为人们的绿色环境装饰提供了更多的选择

树中"寿星"——红杉

红杉属松科落叶乔木。在我国，主要产于甘肃南部、四川岷江流域、雅砻江流域及云南西北部丽江一带高山地区。红杉喜光，生长速度很快，常可组成纯粹的红杉林。

红杉树形高大，株高可达 50 米。小枝下垂，一年生枝褐色，有光泽，无毛。叶片线形，长 1～3.5 厘米，上面中脉隆起。球果紫色，呈卵圆形，长 3～5.5 厘米。种鳞方状圆形，露出的部分有毛，鳞苞尖长，露出，直伸，呈紫色。

红杉可以算是树中的"寿星"和"大个子"了，一般可活千年之久，平均寿命为 800 年。红杉的词源在英文中便具有永久长存之意，不但在美洲，而且在世界上也属于珍贵树种。据载，迄今北美最长寿的一棵红杉寿命已有 2 000 多年，仍然枝叶繁茂。相关资料显示，世界上最高的红杉名叫"同温层巨人"，树高达 113 米，大约需要 20 个人才可以合抱这棵树。高出地面 40 米的第一枝树杈都有 2 米的直径，它的总重量约 2 000 吨，估计可以盖 40 栋中等住宅。如果用它的木料做一个特大的木箱，足可以装下当今世界上最大的远洋客轮。据报道，2006 年，美国研究人员在加利福尼亚州北部一棵已被确认为世界最高树的红杉附近发现了 3 棵更高的红杉，其中最高的一棵被命名为"亥伯龙神"，经初步测量高达 115.2 米，它将成为新的世界最

▲ 美国红杉国家森林公园内的巨型红杉

122

高树。

另外，红杉的种子也体现出了巨大力量，比如红杉长到 20 年树龄时，就能结出含有成熟种子的像葡萄大小的球果，其中的种子犹如芝麻。但这么小的种子竟能长出参天的大树，迄今在科学上仍是一个不解之谜。有人说，这是因为其细胞有 66 对染色体，而同科的其他树种只有 22 对染色体，这一猜测还有待研究。不管怎样，当今世界上再没有哪种树能长得比红杉更高的了。

那么，红杉为什么能有这么持久的生命力呢？

红杉之所以长寿，其重要的原因是其树皮与树干中均含丰富的单宁酸及类似的化学物质，使得它具有极强的抗病虫害的能力。同时，由于其树皮厚达 30 厘米，且不含树脂，无论是有计划地烧除林中杂草，还是森林火灾，它都不会被火烧毁。此外，还跟红杉独特的繁衍后代的方式有关——除了可用种子繁殖，红杉也可采用组织培养或母株部分树体进行分蘖繁殖，而且往往一棵砍伐后的树的根部也会长出新芽而成长为大树，有时被风吹倒的树从土中拔出的母根也能成长新树。因此，它与那些单靠种子繁殖的树种相比，具有更强的竞争优势。

红杉对生存条件的要求非常苛刻，以至于它们的数量在不断地减少。在 1.4 亿年前，红杉曾遍布于北美大陆大部分地区，后来由于气候的变化，这一树种的分布范围越来越小。目前，红杉在北美大陆只

分布于从俄勒冈州西南部到加利福尼亚州的蒙特雷的太平洋沿岸约 500 千米多雾的狭长地带。在多雾的环境及潮湿的地方，幼树一年可长高 60～90 厘米。北加利福尼亚州的气候也正好满足了它的生长条件，因为北加利福尼亚州雨量充沛（年降雨量在 2 000～3 000 毫米），而且受太平洋洋流的影响，特别是夏天沿海一带经常出现浓雾，这就为红杉维持必要的湿度和生长环境提供了良好的条件。

红杉的材质优良，坚固而耐久，是建筑用最理想的木材。但在美国已被列为濒危树种，绝对禁止采伐，即使是私人林地的采伐，也有极严格的限制。美国现已划定了红杉国家森林公园用来保护这种树木。1980 年，联合国教科文组织将美国红杉国家森林公园列为世界珍贵自然遗产。那里夏季温暖湿润，冬季寒冷但降雨充足，很适宜红杉生存，成为红杉真正的"乐园"。

食肉植物——猪笼草

猪笼草是双子叶植物纲猪笼草科植物的总称，为多年生偃伏或攀缘半灌木，是大名鼎鼎的食虫植物。它原产于热带，喜高温、多湿的半阴环境，主要分布于印度、澳大利亚等地，在中国广东南部也有分布。

猪笼草的叶互生，叶片由三部分组成。上部是一片扁平的叶片，叶片的中脉延伸成卷须，形状像一条红色的塑料绳。这就是猪笼草的攀缘器官，可缠绕在其他物体或偃伏在岩石上。延伸中脉的末端膨大成囊状体，变成一只"缶"状的叶笼，叶笼上有小盖，笼口有蜜腺，内壁有蜡腺，分泌蜡质作为润滑剂，此盖除幼期外，其他生长期均不覆盖瓶口。叶笼底部有消化腺，能够分泌弱酸性的消化液。猪笼草发育成熟后，会在叶腋抽生总状花序，之后开出单性花。花小，色泽为红色或紫红色，然而花的外观并不好看，同时味道也不好闻。

猪笼草怎样捕虫呢？首先，它的叶笼颜色鲜艳，笼口分布着蜜腺，散发芳香，以"色"和"香"引诱昆虫。当昆虫进入笼口后，由于其内壁非常光滑，昆虫就会滑跌到笼底。而笼底充满着内壁细胞分泌的弱酸性消化液，昆虫一旦落入笼底，就会被其中的消化液淹溺而死，并慢慢地被消化液分解，

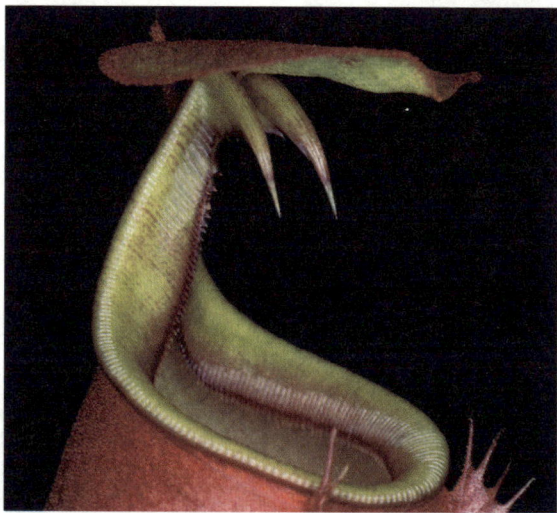

▲二距猪笼草长着"大牙"的笼口

最终变成营养物质被吸收。

　　猪笼草能入药，有清热利湿、化痰止咳的药效，捣烂外敷还可以医治疮痈、溃疡、红肿、虫蚁咬伤等。此外，猪笼草和它美丽的叶笼具有较高的观赏价值，可在温室栽培。在欧美等地，已经普遍作为室内盆栽观赏植物，优雅别致，趣味盎然。

▲虽然长得有点不一样，但都是猪笼草哦

黄山来的"姑娘"——黄山梅

黄山梅为多年生草本，是单种属，是黄山梅亚科唯一的代表种，也是中、日间断分布的典型种类。黄山梅在我国仅见于安徽、浙江两省毗邻山区。由于森林被过度砍伐，生态环境破坏，植株日益减少，已处于濒危状态。

黄山梅高约 1 米；茎无毛，略带紫色。单叶对生，圆心形，长宽各 10～20 厘米，掌状分裂，边缘具粗锯齿，叶片两面有伏毛；叶柄较长，在茎上部的较短或无柄。聚伞花序生于上部叶腋及茎端，常具 3 花；花两性，黄色，直径 4～5 厘米，花梗稍弯曲；萼筒半球形，5 个裂片，三角形；5 片花瓣，长圆状倒卵形，长约 3 厘米；15 枚雄蕊，排成 3 轮，不等长；花柱呈丝状，长约 2 厘米。蒴果宽椭圆形或近球形，直径约 1.3 厘米，花柱宿存；种子扁平，周围具膜质斜翅。

黄山梅植株属于阴性草木，不耐强光照射，喜温凉、湿润、富含有机质的酸性黄棕壤的生境。新芽于每年的 3 月上中旬萌动出土，4 月上旬展叶。花蕾于 6 月下旬出现，7 月上旬开花，可延至 8 月。

127

▲ 黄山梅的花

果有长翅的蝴蝶树

蝴蝶树又名小叶达理木，属梧桐科常绿乔木，为我国海南岛常绿阔叶林主要树种之一。其分布区狭小，又遭到过度砍伐，资源已日渐枯竭，现属渐危种。

蝴蝶树高可达 30 米，胸径 1 米；有板状根；树皮银灰，内皮浅红；嫩枝被锈色鳞片。单叶互生，叶革质，椭圆状披针形，全缘，长 6~8 厘米，上面无毛，绿色，下面密被银白色或褐色鳞。圆锥花序腋生；花小，白色，单性；花萼管状，长约 4 毫米，5~6 裂；无花瓣；雄蕊柄柔弱，长约 1 毫米，花盘厚，围绕在雄蕊柄基部，花药 8~10 枚，排成环状；雌花子房卵圆形，长约 2 毫米，被毛。果有长翅，呈鱼尾状，密被银锈色鳞片，果皮革质；种子椭圆形。蝴蝶树喜气温高、雨量充沛、土壤肥厚的湿润环境。花期为 4~6 月，果熟期为 8~10 月。

蝴蝶树的木材材质重、硬而韧，耐腐，顺纹拉力特强，为名贵的可用于船舶、建筑、家具的制造。本种有指示环境的作用，同时对海南植物区系及梧桐科植物的系统发育研究也有一定的价值。

▲果形奇特的蝴蝶树

花中"活化石"——木兰

木兰，别名木笔、紫玉兰、望春花，是木兰科木兰属落叶小乔木或灌木，原产于我国中部地区，久经栽培，是珍贵的观赏花卉。近年来由于数量不断减少而变得越发珍贵了。木兰科植物是世界最古老被子植物类群，素有"植物化石"之称，目前全世界仅有250多种，中国作为现代木兰科分布中心，也仅存150多种。

木兰是一种漂亮的观赏植物，通常在每年的3~4月先花后叶，木兰花形硕大，花瓣外面紫色，内壁近白色，微香；叶呈倒卵形或倒卵状长椭圆形；果实9月成熟，形似玉兰。

木兰是一种市场潜力巨大的经济作物。木兰干燥的花蕾（称"辛夷"）具有很高的药用价值。一些科学的数据显示，木兰花蕾性温，味辛，能散风寒，通鼻窍，主治风寒头痛、鼻塞、鼻渊、鼻流浊涕等症。

木兰的适应性强，庭院旷野、山区平原均可栽植，而且花形优美，观赏价值极高，是环境绿化的优良花木。木兰生长速度快、木质坚韧细致、含有芳香物质，是做桌椅、柜箱和衣橱的上等木料，由其制成的柜箱衣橱存放衣被不生蛀虫。而且，木兰在医药、化工、科研和物种多样性保护等方面都有着非常重要的应用意义。

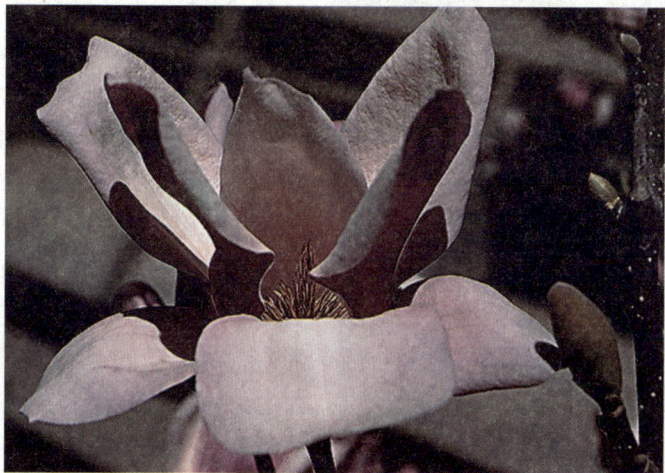

▲木兰花特写

濒临灭绝的秃杉

秃杉是世界稀有的珍贵树种，只生长在缅甸及我国台湾、湖北、贵州、云南地区。秃杉最早于 1904 年在我国台湾中部中央山脉乌松坑海拔 2 000 米处被发现，为我国二级重点保护野生植物。

秃杉为常绿大乔木，植株异常高大。通常秃杉树高可达 75 米，直径 2～3 米，但这种植物生长缓慢，直至 40 米左右高时才生枝，树冠之下高直而光秃，故名秃杉。它的树冠小，树皮呈纤维质，叶在枝上的排列呈螺旋状。奇怪的是，都是一样的树种，但是秃杉的幼树和老树上的叶形有所不同：幼树上的叶尖锐，为铲状钻形，大而扁平；老树上的叶呈鳞状钻形，横切面呈三角形或四棱形，上面有气孔线。

秃杉是雌雄同株的植物，花呈球形。其雄球花 5～7 个簇生在枝的顶端，雌球花比雄球花小，也着生在枝的顶端。长成的球果为椭圆形，没有鳞片，苞片倒圆锥形至菱形。虽然秃杉是高大的乔木，但是其种子只有 5 毫米左右长，带有狭窄的翅。难以想象，这么小的种子竟然能长成一株参天的大树。

值得一提的是，秃杉属于杉科台湾杉属，它只有一个"孪生兄弟"——台湾杉，由于它们长得很像，又分布在同一地区，因此一般通称它们为台湾杉。但它们还是有区别的，秃杉的叶较台湾杉的窄，球果的种鳞比台湾杉多一些。

▲高大的秃杉

秃杉具有很高的经济价值，由于秃杉树干挺直，木质软硬适度、纹理细致，心材紫红褐色，边材深黄褐色带红，且易于加工，是建筑、桥梁和制造家具的好材料。此外，它还是营造用材林、风景林、水源林、行道树的良好树种。

秃杉为第三纪孑遗植物，可以说是植物界的"活化石"。大量繁育栽培成为保护这种濒危植物的重要手段。目前，随着国家生态环境的建设和人们对秃杉的进一步认识，它有望成为植树造林和园林绿化中的"后起之秀"。

▲ 秃杉的叶及球果

"茶中皇后"——金花茶

金花茶为山茶科、山茶属植物，与茶、山茶、南山茶、油菜、茶梅等是"孪生姐妹"。金花茶的自然分布区很小，仅限于我国广西南宁地区。

金花茶是一种古老植物，由于其结果率极低，世界稀有，故又被称为植物界的"大熊猫"，被列为国家一级重点保护野生植物。

金花茶是山茶科的常绿小乔木，它一般生长在低缓丘陵地区、阴坡溪沟处，要求土壤疏松、排水良好的酸性土壤。在自然情况下，金花茶为深根性植物，侧根少。金花茶喜温暖湿润的气候，仅分布于广西南部的常绿阔叶林中，因此广西被称为"金花茶的故乡"。金花茶的花非常美丽，被誉为"茶中皇后"，这主要是由于它们的姿容甲天下。每年11月至翌年2月，当金花茶盛开的时候，靓丽的黄花点缀在琼枝玉叶之间，金瓣玉蕊，晶莹无瑕，半透明蜡质感，一尘不染。朵朵茶花"温柔文雅"，十分秀丽。微风吹来，清香流淌，风姿绰约，高贵雍容之神韵无与伦比。特别是目前世界上几千个茶花品种中，还没有其他的金黄色品种，所以更为国内外园艺工作者所瞩目。

▲ 含苞待放的金花茶异常美丽

金花茶不仅外表漂亮，而且还是著名的经济茶种。金花茶的嫩叶可制茶，老叶煎服还有医治痢疾的作用，外用清洗伤口有消炎、止血、杀菌的功效，种子可榨油，花可用来作为食品的天然色素。

金花茶的发现轰动了全世界的园艺界，受到了国内外园艺学家的高度重视，认为它是培育金黄色山茶花品

132

种的优良原始材料。

由于金花茶自然分布范围狭窄，因此其数量很有限。为了使这一国宝级植物繁衍生息，我国科学工作者正在进行杂交选育试验，以培育出更加优良的品种。

近年来，已经成功运用种子育苗及嫁接等方法进行扩大繁殖，在广西南宁、云南昆明等地，均已初步引种成功。

但是，由于人们对森林的砍伐及大量野生苗木的采挖，野生金花茶资源已受到严重破坏，种群数量正在逐年减少。鉴于此，广西壮族自治区防城港市防城区建立了金花茶国家级自然保护区，对金花茶进行重点管护。

▲晶莹剔透的蜡质感金花茶美轮美奂

百年不凋的百岁兰

百岁兰是奥地利植物学家弗雷德里希于 1859 年在安哥拉南部纳米比沙漠中发现的。它是一种十分奇妙怪异的植物，能够在极为恶劣的环境中生长。大部分百岁兰生长于距离海岸 80 千米的多雾区域，据此估计雾气是它们水分的主要来源。百岁兰的寿命很高，现生最老的百岁兰年龄估计在 1 500~2 000 年。

百岁兰属裸子植物，百岁兰科，它跟其他植物的亲缘关系还有待研究。它的故乡纳米比沙漠是世界上最古老的沙漠之一，而百岁兰就分布在这个沙漠从纳米比亚西部沿海到安哥拉西南部一个狭长、干燥的地段。

百岁兰这种"相貌奇特"的植物有着纤维质的粗短的茎，具有粗大多皱褶的表皮。茎部逐年增粗，在其顶部表面上，现出同心沟。不均匀生长使其茎部怪异地扭曲，从茎部可以进行光合作用的组织长出两片带状叶。植株最高的部位距离地面可达 1.5 米。基部叶盘绕，周长

▲沙漠中顽强的百岁兰

▲百岁兰茎基部的同心沟

达 8.7 米，这些植株的根深可达 30 米。百岁兰的叶在植物界寿命最长且常绿；除子叶外，叶只有一对，呈带状，宽且平，百年不凋，叶的基部硬而厚，并不断生长，叶梢部软而薄，不断损坏，叶肉腐烂后，只剩木质部，盘卷弯曲。

叶片所覆盖的地面土温低而湿，植物可借此耐受 65℃高温。植株可通过叶面上的气孔来吸收水分，这也是该物种能够生存的必要条件。与其他植物不同的是，气孔在雾气大的时候开启，在温度升高时关闭。这样保证了水分在温度高时不通过气孔损失。

百岁兰雌雄异株，雌株有大的雌球果，雄株有雄花，每一雄花有 6 个雄蕊。一般的雌株可以结 60~100 个雌球果，种子可以达到 1 万粒。种子外有带翅的花被状体，能够随风飞散。但其中大部分种子不会发芽，估计不到万分之一的种子会发芽并且长大成株。

不含叶绿素的植物——天麻

天麻，原名赤箭，又叫定风草、鬼箭杆等，属兰科多年生腐生草本植物，是珍贵的药用植物。天麻产于中国云南、四川、湖北及西北、东北等地。

天麻多生长在阴湿的林下、腐殖质较多的土壤上。天麻为一株肉质独苗，黄红色，全株无叶绿素，地下有肉质肥厚的块茎，即稀有珍贵的中草药天麻，而且天麻是以块茎进行繁殖的。天麻的地上茎为黄赤色，节上有膜质的鳞片。夏季开花，花多数，形成稠密的总状花序，花肉黄色或淡绿黄色。

天麻没有根，不含叶绿素，那么它的营养是如何获取的呢？原来，天麻的营养主要由蜜环菌提供，因此在进行天麻栽培时，就需要先培养蜜环菌能够寄生的树根或是树干作为栽培材料。

自古以来天麻就被列为名贵药材，而且还是很好的保健品，早在2 000多年前就已入药。据《神农本草经》记载，天麻性辛、温平、味甘，有祛风、定惊之功效，主治肝风头痛、眩晕、抽搐痉挛、小儿惊风等症。在天麻的故乡云南，所产天麻个儿大、肥厚、完整、饱满、色黄白、明亮、呈半透明状，质坚实、无空心，品质特佳，又被称为"云天麻"。

由于天麻是平肝息风的良药，对肝风引起的头痛有特效，所以以云天麻为主要原料制成的天麻片、天麻补酒，也

▲是植物，却不含叶绿素的天麻

是很有名的中成药。鉴于野生天麻数量的稀少和人们对天麻的需求量的增加，经过多年研究试验，人工栽培的天麻已获成功，正在逐步推广。

▶天麻的局部特写，节上膜质的鳞片清晰可见

城市绿化名贵树种——峨眉含笑

峨眉含笑属木兰科残遗树种，为我国特有种，分布范围狭窄，主要集中于四川盆地边缘的岷江上游地区,且零星散生,是我国珍稀植物种。峨眉含笑对于研究木兰科植物的系统发育、植物区系等有重要的科学价值，被列为国家二级重点野生保护植物。

峨眉含笑为常绿乔木，非常高大，株高通常可达 20 米；树皮灰色或灰绿色，光滑。叶革质，倒卵形、倒披针形或长圆状倒披针形。

峨眉含笑主要分布于海拔 600~2000 米的森林中，多生于阴坡或半阴坡，在向阳的山坡则生于阴湿的沟槽处。植株喜生于温暖、湿润、多雨、日照少、常年多云雾的气候环境，喜肥沃、疏松、湿润而排水良好的酸性或中性山地黄壤。

除学术价值外，峨眉含笑还具有巨大的经济价值，其木材为制造车船、家具、乐器、图版、雕刻等的良材；花、叶含芳香油，可提浸

▲峨眉含笑的枝叶

膏；树皮和花均可入药；种子油可供工业用；树形美观，花美丽芳香，可供庭园观赏，也可作适生地区的主要造林树种。

由于峨眉含笑的材质优良，常成为滥伐对象，现分布区植株已越来越少。又因其结实甚少，更新困难，有可能被其他阔叶树种更替，陷入灭绝的危险。鉴于此，人们已经采取了积极的措施来保护这个珍贵的树种。目前，在峨眉山已建立自然保护区，将峨眉含笑列为保护对象。

▲峨眉含笑美丽的小花

相关知识全接触

峨眉山

峨眉山为中外著名的旅游胜地，雄踞于四川盆地的西南边缘，主峰高达3 099米，峰峦挺秀，山势雄伟，有"峨眉天下秀"之称。

峨眉山和五台山、九华山、普陀山并称中国四大佛山。峨眉山为普贤菩萨道场，相传佛教于公元1世纪即传入峨眉山。近2000年的佛教发展历程，给峨眉山留下了丰富的佛教文化遗产。

峨眉山不仅以秀丽的景色名扬四海，更以它那日出、云海、佛光、圣灯给峨眉山添光增彩。

同时，峨眉山又是一座天然的植物博物馆。山上山下气温悬殊，自下而上：亚热带、温带、亚寒带呈垂直分布。峨眉山属中亚热带和北亚热带湿润气候区，但因其高山地形，昼夜具有明显的温差，在这里充分显示了"一山有四季，十里不同天"的变化。

"罗汉"也渐危——海南罗汉松

海南罗汉松，属罗汉松科，是渐危种，为我国海南省特有种，对研究海南植物区系和保护物种有一定的意义。但是，由于多年来过度的开发利用，目前仅在南部尚未开发的天然林中有少量分布，资源很少。

海南罗汉松是一种高大的树种，通常成年的罗汉松高达 16 米左右，胸径 60 厘米，零星分布于海南省南部海拔 600～1 600 米的山坡或山脊林中，那里地处热带，气温较高，有明显旱期。

海南罗汉松的叶呈线形、披针形、椭圆形或鳞形，螺旋状排列，近对生或对生，有时基部扭转排成两列。海南罗汉松是雌雄异株的，雄球花穗状或分枝，单生或簇生叶腋，稀顶生，具多数雄蕊，每雄蕊具两个花药，花粉常具两个大而较薄的气囊，稀具 3～4 个气囊，外壁有细颗粒状纹理；雌球花通常单生叶腋或苞腋，稀顶生，有梗或无梗，有数枚螺旋状着生或交互对生的苞片，最上部的苞腋有 1 枚倒生胚珠，套被与珠被合生花后套被增厚成肉质假种皮，苞片发育成肥厚或稍肥厚的肉质种托，或苞片不增厚。种子椭圆形，核果状，下部有肥厚、肉质、暗红色的种

140

▲苍翠的海南罗汉松

托。海南罗汉松的花期为 3~4 月，种子成熟期为 9 ~ 10 月。

　　海南罗汉松可谓全身都是宝，是重要的经济树种。其木材材质细致均匀，纹理直，有光泽，硬度适中，干后不裂，易加工，耐腐力强，可供制作乐器、文具、雕刻件、农具、家具、桥梁、船舰等用。

▲海南罗汉松的叶及种子

最古老的蕨类植物——刺桫椤

刺桫椤又叫桫椤、树蕨等，为桫椤科多年生木本蕨类植物。它是古老的孑遗植物，是白垩纪时期遗留下来的珍贵树种，距今3亿多年，比恐龙的出现还早1.5亿多年，是现今仅存的木本蕨类植物，极其珍贵，有"活化石"之称，属国家一级重点保护野生植物。其主要分布于我国南部地区。

刺桫椤之所以珍贵，是因为它是和恐龙同时代的物种，而恐龙早已从地球上绝灭了，刺桫椤却作为那一时代的遗老存活了下来。

从外形上看，刺桫椤充分体现了远古时代植物的特征。它的树形与铁树非常相似，茎柱状，直立，最高可达6米或更高，叶柄与叶轴呈深棕色，密生小刺，树龄愈老其小刺愈多。叶较大，叶片长1~3米，三回羽状深裂复叶，顶端渐尖。叶色幼时绿色，成熟后叶正面绿色，背面深绿或灰白色。孢子囊群多数且较小，着生于小脉分叉点上

▲刺桫椤的叶，蕨类植物特征明显

▲树冠如伞的刺桫椤

143

凸起的囊托上。

　　刺桫椤多生于溪边林下或草丛中，喜温暖和空气湿度较高的环境。在《中国植物红皮书》中曾记载最高的刺桫椤高达 6 米，后在福建瓜溪自然保护区中发现了 3 600 多株大大小小的桫椤树，最大的一株高达 6.5 米。在福建省平和县天马山一个叫"高脚寮"的地方也发现了大片野生刺桫椤，那里有近千亩的原始森林，地面植被保护良好。野生刺桫椤就分布在森林中阳光较充足的地方，这些刺桫椤高的有 4 米左右，矮的只有十几厘米，密密麻麻遍布在树荫下，并以十几株或成百株构成一个群落。

　　刺桫椤曾是地球上最繁盛的植物，但是经过漫长的地质变迁及人为破坏，刺桫椤已经变得十分稀有。为了保护这一珍贵树种，人们已建立了多个刺桫椤自然保护区，同时进行生态学、繁殖生物学的研究，以有效地扩大其分布面积、避免分布区南缩。

世界上最毒的树——箭毒树

箭毒树也称箭毒木、大药树、见血封喉，为桑科见血封喉属植物，分布于中国广西地区、海南岛和云南南部的热带森林中，在印度和印度尼西亚也有分布，被称为是世界上最毒的树，但现在存活数量已极少，被列为国家三级重点保护野生植物。

箭毒树是一种树形高大的落叶乔木。树体有白浆，树皮厚，茎杆基部生有从树干各侧向四周生长的板根。叶互生，呈卵状椭圆形。春夏之际开花，花单性，雌雄异株。秋季结果，果实肉质，果皮与梨形总苞黏合，成熟时变为紫红色。

箭毒树树体中白浆的毒性很强，古代人很早就知道了这种白浆的毒性，所以常用这种汁液与其他毒药掺合涂抹在箭头上，用以狩猎，被射中的大型动物，无论伤势轻重，都会立刻倒地死去。云南傣族的猎手称箭毒树为"光三水"，即跳三下便会死去的意思。

那么，是什么使这种植物具有如此大的毒性呢？原来，这种植物的汁液中含有弩箭子甙、见血封喉甙、铃兰毒甙、铃兰毒醇甙、伊夫草甙、马来欧甙等多种有毒物质。当这些毒汁由伤口进入人体时，就会引起肌肉松弛、血液凝固、心脏跳动减缓，最后导致心跳停止而死亡。如果汁液溅至眼睛里，眼睛就会失明。

箭毒树的毒性虽然很大，但是也有一定的实用价值。

144

▲ 树形高大的箭毒树

医药专家把汁液中的有效成分提取出来，用来治疗高血压、心脏病等疾病。傣族妇女还用这种毒汁来治疗乳腺炎，目前更多的药用价值还在进一步研究中。

此外，箭毒树材质很轻，可用作纤维原料或代替软木用。当地人过去常剥取箭毒树的树皮取出纤维，制成树毯、褥垫等，不仅舒适而且耐用，用上几十年也没问题；在云南，当地人还将这种纤维染成各种颜色制成服装，既轻柔又保暖，但现在已经很少有人穿这种衣服了，只有基诺族人在盛大节日时，才会把它穿上。

箭毒树虽然具有很强的毒性，但目前野生的箭毒树已经很少见了，所以一旦发现就应该重点保护起来。

▼箭毒树的枝叶

果实奇特的金钱槭

金钱槭，属槭树科，槭树属植物，为中国特产植物，产于四川、重庆、湖北、陕西、河南等地，被列为国家二级重点保护野生植物。

金钱槭多分布在夏热冬冷、秋季多雨、湿度大的地区，适宜生长于弱光的环境中。金钱槭为落叶小乔木，株高5～15米，树皮呈暗褐色，有浅纵裂。叶对生，为奇数羽状复叶，小叶纸质，长卵形或长矩圆状披针形，边缘具稀疏的钝锯齿，通常7～11枚。初夏开花，花白色，雌雄同株，顶生或腋生圆锥花序。果实分为两个小坚果，每个周围都生有广翅，成熟时淡黄色，形如钱，故称"金钱槭"。

金钱槭是我国特有的单种属植物，果实奇特，在阐明某些类群的起源和进化、研究植物区系与地理分布等方面，都有重要参考价值。另外，金钱槭的商业价值也是不可忽视的。金钱槭树姿优美，翅果圆形，入夏绿叶红果，如同一串串小铜钱，微风吹拂，沙沙作响，别有一番情趣，是一种颇有观赏价值的园林植物。金钱槭的种子富含脂肪，可供榨油食用及工业用。

由于多年来人们对环境的过度利用，尤其是破坏性的利用，已使很多生物资源或消失殆尽，或处于绝灭的边缘，金钱槭也不例外。林木乱砍滥

▲金钱槭对生的奇数羽状复叶

伐致使野生金钱槭成年植株极为稀少，加上其天然更新能力较弱，幼树很少，金钱槭已经成为濒临灭绝的树种。鉴于此，人们开始重视和保护它，在金钱槭分布区内已建立了自然保护区，将金钱槭列为保护对象，并且产区林业部门及有关科研单位也正积极地进行人工繁育试验。

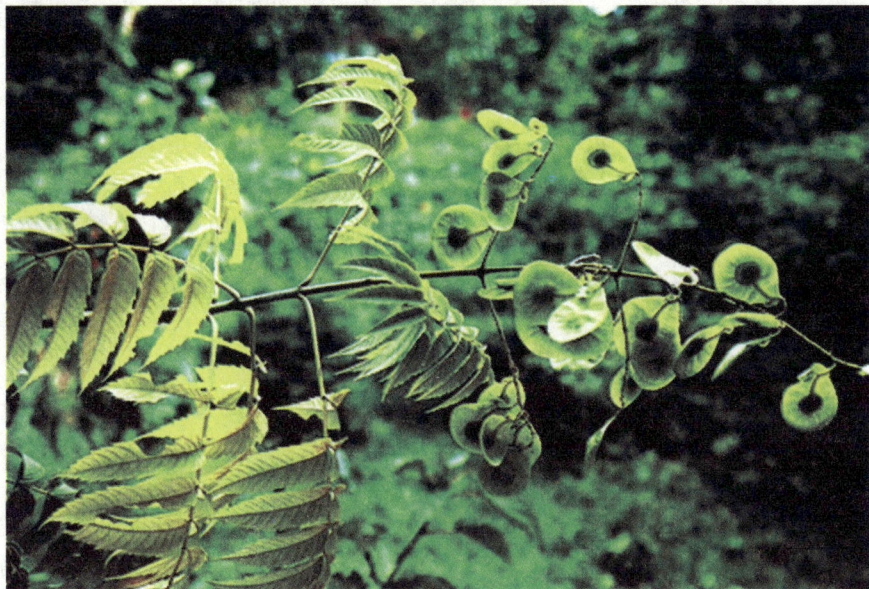

▲阳光下摇曳多姿的金钱槭

百草之王——人参

人参，属五加科多年生草本植物，产于中国东北地区，为"关东三宝"（人参、貂皮、乌拉草）之首，亦见于朝鲜半岛，称"朝鲜参""高丽参"。野生的称野山参，栽培的称园参；按加工方法不同又分为生晒参、红参等。

人参的株高约60厘米，纺锤形或圆锥形的肉质根，有细密的皱纹，色淡黄，常斜生，多须根。主根顶端有根状茎，根状茎很短，多不明显，俗称"芦"或"芦头"。轮生掌状复叶。初夏开黄绿色小花，伞形花序单个顶生。果实呈扁圆形，大小如豆粒，秋天成为鲜红色的浆果，内有两粒种子。

由于人参纺锤形的肉质主根及分枝很似人形，加之其多肥厚，如胖娃娃一般，所以人们常叫它"人参娃娃"。人参也是非常有灵性的植物，民间甚至流传说人参能够像动物一样行走呢！

▲有的人参长得酷似人形

人参是我国传统的珍贵药用植物，在古代有许多别名和雅号，如神草、王精、地精、土精、黄精、血参、人衔、人微等。在中国的医药史上，使用人参的历史非常悠久。早在战国时代，良医扁鹊对人参的药性和疗效就有所了解；汉代的《神农本草经》，把人参列为药中上品；汉代名医张仲景的《伤寒论》，全书113方，用人参的就有21方；在明代，李时珍编著的《本草纲目》中也有大量关于人参的记载。在中药学上，人参有大补元气、治疗久病虚脱、大出血、大吐泻等危重病症，以及健脾益肺、生津安神等功效。

那么，是什么原因使得人参具有如此神奇的功效呢？原来人参含有多种皂苷、人参酸、多种氨基酸、糖类、维生素类、植物甾醇和挥发油等，具有抗衰老、抗肿瘤，加强大脑、心脏、脉管的活力和造血功能，能够刺激内分泌机能，兴奋中枢神经系统，并可使网状内皮系统功能亢进等。中医还用"独参汤"挽救垂危病人，民间传为"救命汤"。

正由于此，人参一向被称为"中药之王""百草之王"，世界闻名。

▲人参植株形态示意图

果实

肉质根　　　　植株

149

人参在我国的药用历史约有 4 000 年，但由于长期过度采挖，天然分布区缩小，已被列为国家珍稀濒危保护植物。目前，已在长白山等地建立了自然保护区。野生的山参，多生长在气温低、光照长、土壤肥沃的山坡上。它生长缓慢，采取困难，疗效很高，所以非常珍贵。据说1981 年 8 月，吉林省白山市抚松县有四位农民，在深山老林中采到一支百年野山参，重达287 克，主体长 9.5 厘米，称为"参中之王"，现陈列在北京人民大会堂吉林厅中。

在我国，有关人参的历史传说很多，文学作品和民间故事中都有大量描写。《红楼梦》中王夫人翻箱倒柜找人参，是人们所熟悉的故事。而在人参的故乡东北，有关人参神话般的有趣故事更多。在这些故事里，人参常常作为正义和善良的化身，有时是一个身穿红兜肚、聪明伶俐的小男孩，有时是一个头簪红花、身着绿袄的美丽姑娘，有时是一个童颜鹤发的慈祥老人，有时又是射出一缕毫光的北斗星。这些故事不知流传了多少年，依然引人入胜。尽管这些传说不一，但都反映了人们对人参的喜爱和珍视。

百年成材的珍贵树种——楠木

楠木，属樟科，种类很多。主要分布于我国四川、贵州、云南等地，是一种极其珍贵的树种。关于楠木的分类，古代的书籍《博物要览》载："楠木有三种，一曰香楠，又名紫楠；二曰金丝楠；三曰水楠。南方者多香楠，木微紫而清香，纹美。金丝者出川涧中，木纹有金丝。楠木之至美者，向阳处或结成人物山水之纹。水河山色清而木质甚松，如水杨之类，唯可做桌凳之类。"可见，古人对楠木的习性和分类已有深入了解。遗憾的是，现在已经很少见到野生的楠木了。楠木属国家二级重点保护野生植物，也是我国的特产树种。

楠木为中亚热带常绿乔木，分布在气候湿润、冬暖夏热的地区，不耐寒冷。树干通直，高 30 米以上，胸径 1 米。树姿优美，既是上等的用材树种，又是极好的绿化树种，常做庭荫树及风景树。楠木叶长圆形至长圆状倒披针形，下面被短柔毛，侧脉明显。圆锥花序腋生，被短柔毛。核果椭圆形或椭圆状卵形，黑色。楠木的产地范围小，主

▲人工栽植的楠木幼株，紫红的新叶煞是可爱

▲人工栽植的楠木林

要分布于四川、贵州、湖北和湖南等海拔 1 000～1 500 米的亚热带地区阴湿山谷、山洼及河旁。

楠木的数量之所以稀少，是和它自身的生长特点分不开的。据资料表明，一般天然生楠木，初期生长甚缓慢，20 年生的楠木树高的生长量仅约 5.6 米，胸径的生长量仅约 4.1 厘米，60～70 年生以后，才达生长旺盛期。楠木树高生长以 50～60 年最快，胸径以 70～95 年最快，材积以 60～95 年最快，这表明楠木具有后期生长迅速的特性。因此，楠木通常都是色泽淡雅、伸缩性小、容易操作且耐久稳定的木材，是非硬性木材中最好的一种。而这些特点就决定了如果要得到一棵巨大的成材的楠木，至少要等上 100 年。

楠木因其树形端丽、叶密阴深，适于栽植在草坪中及建筑物旁，或与其他树类在园之一隅混植成林，以增景色。楠木具有防风及防水之效，各地寺院附近，古木甚多。由于历代对楠木的砍伐利用，这一丰富的森林资源近于枯竭。目前，所存林区多系人工栽培的半自然林和风景保护林；在庙宇、村舍、公园、庭院等处尚有少量的大楠木树，但病虫危害较严重，也相继衰亡。

历史上关于楠木的传说很多。根据苏州出土的一座春秋时期的墓葬得知，那时的人们已经用楠木做棺材了。2 000 多年后的今天，那棺材虽然因为年代过久而朽坏，但是除去外表的腐朽，内里不仅木质尚存而且可以经得起轻击，这也证明了楠木的奇特性。传说中认为楠木是"水不能浸、蚁不能蛀"的，所以才能出现历经几千年仍相对完好的棺木。而这种现象也正好印证了那句老话——"生在苏州，吃在广州，玩在杭州，死在柳州"。最后一句说的就是楠木，因为柳州产楠木棺材。

楠木木材优良，具芳香气，硬度适中，弹性好，易于加工，很少开裂，为建筑、家具等的珍贵用材。器具除做几案桌椅外，主要用作箱柜。北京故宫博物院及现存上乘古建筑多为楠木构筑，如文渊阁、乐寿堂、太和殿、长陵等重要建筑都有楠木装修及家具，并常与紫檀配合使用。如明十三陵中，建成于明永乐十三年（1415年）的长陵祾恩殿，占地1956平方米，全殿由60根丝楠木巨柱支撑，黄瓦红墙，垂檐庑殿顶，是我国现存最大的木结构建筑大殿之一。清康熙时修建的承德避暑山庄的主殿——"澹泊敬诚"殿，也是一座著名的楠木大殿。

▶ 用楠木制成的精美工艺品

气候带指示器——坡垒

坡垒是产于海南岛的龙脑香科植物。它是海南岛热带雨林的代表种。在世界范围内分布着大约 90 种龙脑香科坡垒属的植物，大多分布于印度、马来西亚等地，在我国仅在海南岛少数地区分布有 4 种。目前野生坡垒仅存数百株，已被定为国家一级重点野生保护植物。

坡垒为常绿乔木，高大挺拔，株高可为 25~30 米，胸径为 60~85 厘米。树皮纵裂，黑褐色。叶革质，椭圆形，长 6.5 ~ 20.5 厘米，宽 4 ~ 11.5 厘米。圆锥花序生于枝顶，花偏于分枝一侧，花萼 5 片，花瓣 5 片，雄蕊 15 枚。花药卵状椭圆形，药隔顶端附属体丝状；子房近圆柱形，花柱基部膨大。坚果卵圆形，为增大宿萼的基部所包围，其中 2 枚萼片扩大成翅，倒披针形，长约 7 厘米，有纵脉 7 ~ 9 条。

坡垒生长较慢，成年林木 8~9 月开花，翌年 3~4 月果熟。

坡垒主要分布于海南的热带雨林，零星分布于全岛部分沟谷、山地。常与青皮、野生荔枝、蝴蝶树等多种树种组成热带雨林。

坡垒要求炎热、静风、湿润的生境，较耐阴，林冠下天然更新良好。坡垒只有在热带雨林地区才有分布，因此在我国，龙脑香科的坡垒是判断热带雨林区域分布的指示性植物。

坡垒还是一种经济树种，木材坚韧耐久，特别耐水渍，不受虫蛀，为海南树种之冠，适做特种工业、工艺及硬木家具等。

▲坡垒的茎叶

　　人类无节制的经济活动大大影响了坡垒的生存。伴随着坡垒生存环境的恶化和人类毫无节制的砍伐，这个珍贵的树种变得越来越少，甚至濒临灭绝。为了保护这一珍稀树种，应对现有的坡垒进行保护，此外应选择适当的立地条件，大量造林，使这种异常珍贵的树种得以存在下去。

▲坡垒的叶片